星载合成孔径雷达海洋遥感导论

(上册)

徐　青　范开国　顾艳镇
徐伯健　陈书驰　傅　斌　编著

海洋出版社

2019年·北京

图书在版编目(CIP)数据

星载合成孔径雷达海洋遥感导论. 上册 / 徐青, 范开国等编著. —北京: 海洋出版社, 2019. 3

ISBN 978 - 7 - 5210 - 0248 - 5

Ⅰ. ①星… Ⅱ. ①徐… Ⅲ. ①卫星载雷达 - 合成孔径雷达 - 应用 - 海洋遥感 - 研究 Ⅳ. ①P715. 7

中国版本图书馆 CIP 数据核字(2018)第 264964 号

丛书策划: 郑跟娣

责任编辑: 赵　娟

责任印制: 赵麟苏

海洋出版社 出版发行

http://www. oceanpress. com. cn

北京市海淀区大慧寺路 8 号　邮编: 100081

北京朝阳印刷厂有限责任公司印刷　新华书店北京发行所经销

2019 年 3 月第 1 版　2019 年 3 月第 1 次印刷

开本: 787 mm × 1092 mm　1/16　印张: 11. 25

字数: 200 千字　定价: 78. 00 元

发行部: 62132549　邮购部: 68038093　总编室: 62114335　编辑室: 62100068

谨以此书献给中华人民共和国
成立70周年！
（1949—2019年）

序

21 世纪是海洋的世纪，也是世界航天活动蓬勃发展的新世纪。卫星遥感和海洋是重要的发展领域以及科技发展的前沿技术阵地。在全球海洋环境的观测中，卫星无疑扮演了不可或缺的重要角色。利用卫星遥感来进行海洋科学研究已经成为一门新兴的学科。

合成孔径雷达（Synthetic Aperture Radar，SAR）作为一种主动式微波侧视成像雷达，具备全天候、全天时、高分辨率、宽刈幅观测的优势。自 1978 年第一颗海洋卫星 SEASAT 发射以来，SAR 海洋遥感探测理论、探测技术和应用研究始终是海洋遥感和物理海洋学研究中的热点问题之一。随着我国社会经济的发展，我们必将拥有更多的 SAR 卫星，因此需要大量的相关科技人才，尤其是 SAR 海洋遥感人才的培养与学术积累。由于海洋遥感不同于陆地遥感的诸多特点，系统、全面地总结、介绍 SAR 海洋遥感研究方面的知识与经验就非常有必要。

徐青博士和范开国博士等编著的《星载合成孔径雷达海洋遥感导论（上册、下册)》，围绕 SAR 在海面风场、海冰、海面溢油、海上舰船、海浪、海表层流场、海洋内波、浅海地形等方面的遥感探测机理、理论和技术的研究进展，及其业务化应用情况展开，是一部论述 SAR 遥感探测海洋现象机理、理论和 SAR 在海洋科学中应用的力作。它几乎涵盖了 SAR 海洋遥感在海洋学应用的所有方面，体现了作者对 SAR 海洋遥感和物理海洋学知识的把握和理解能力，无疑为 SAR 海洋遥感探测技术研究与应用推广提供了很好的理论基础和技术支撑，具有极大的实用性和参考价值。

该书的年轻作者们大都工作在我国海洋遥感领域的第一线，我衷心希望他们“百尺竿头、更进一步”，在我国海洋强国、航天强国的建设过程中取得更大业绩！

中国工程院院士：

2019年1月30日

前　言

合成孔径雷达（Synthetic Aperture Radar，SAR）作为一种主动式微波侧视成像雷达，具备全天时、全天候、高分辨率、宽刈幅成像的优势，是可见光、红外传感器及其他微波传感器所不具备的。自美国于 1978 年发射第一颗海洋遥感卫星 SEASAT 以来，SAR 海洋遥感理论、SAR 海洋遥感探测技术与应用研究始终是海洋学研究的热点问题之一。20 世纪 90 年代，X 波段 SAR（SIR – C/X – SAR）运行之后，多波段、多极化、多入射角和多观测模式成为 SAR 海洋遥感研究的主流发展方向。

SAR 遥感图像中包含着十分丰富的海洋信息，任何改变海表面粗糙程度的海洋现象或特征都可以成像于 SAR 遥感图像，这使得 SAR 海洋遥感研究受到了广泛的关注。目前，围绕 SAR 海洋遥感理论、SAR 遥感图像处理、SAR 海洋遥感探测技术与应用等领域的专著已有一些，但各有侧重。本书主要以作者近年来在 SAR 海洋遥感研究领域的成果为基础，有机整合了 SAR 海洋遥感理论、SAR 海洋遥感探测技术与应用等方面具有代表性的国内外相关研究成果，系统、全面地介绍了 SAR 海洋遥感领域的研究成果。

本书的撰写注重理论与实际应用的结合，兼顾海洋遥感与物理海洋学双重专业知识，围绕 SAR 海洋遥感基本原理以及 SAR 在海面风场、海冰、海面溢油、海上舰船、海浪、海表层流场、海洋内波、浅海地形和业务化应用展开，几乎涵盖了 SAR 海洋遥感在海洋学方向应用的所有方面，便于读者科普海洋科学知识，掌握 SAR 海洋遥感理论知识和开展实际应用研究，同时适用于海洋学专业本科、研究生教学和物理海洋学、海洋遥感学方向的科学研究。

本书分为上、下两册，由徐青和范开国共同执笔完成初稿的撰写。其中上册由范开国和顾艳镇完成校订；下册由徐青和傅斌完成校订。史爱琴、邢博、李晓明、汪鹏、陈书驰、段志刚、施英妮、顾艳镇、徐伯健、梁建军等（以姓氏笔画为序）分别参加了本书上、下册部分章节的修改。在本书撰写过程中，中国人民解放军32020部队、中国人民解放军32021部队、中国人民解放军61741部队、中国人民解放军海军海洋水文气象中心、河海大学、中国海洋大学、自然资源部第二海洋研究所和中国科学院遥感与数字地球研究所等军地单位的领导和同事给予了支持和鼓励；本书的出版得到了国家重点研发计划（No. 2016YFC0401505、No. 2016YFC1401905）、国家自然科学基金（No. 41606107、No. 41576168）、海南省重大科技计划（No. ZDKJ2016015）、山东省自然科学基金（No. ZR2017LD014）和卫星海洋环境动力学国家重点实验室开放基金的联合资助。谨此表示衷心的感谢。

由于作者水平有限，书中难免出现错误和不当，欢迎读者指正。

作　者

2018年10月1日

目　　录

第1章

引　言

传统海洋要素的测量主要基于岸基观测站、船只、浮标和潜标等方式进行，不可避免地存在很多不足，具体体现在：①采样点少，现场观测方法只能获得有限个点的资料，无法同时获取大面积海洋信息，且很难保证采样点的代表性；②费用较高，难以开展长时间连续观测；③海上现场调查受实际天气状况影响较大，在极端天气条件下无法获取有效的海洋信息；④对调查船只不易到达的海域，无法开展海洋要素测量工作。因此，传统意义上的海洋要素测量方法已经无法满足物理海洋学发展的需求，而将遥感技术，尤其是微波遥感技术与海洋学结合，对海洋进行大面积、全天时和全天候的长期观测已成为海洋科学研究的一个重要手段。

合成孔径雷达（Synthetic Aperture Radar，SAR）是一种主动式微波侧视成像雷达，具有全天时、全天候、高分辨率、宽刈幅成像的优势，它通过测量海面微波的后向散射来探测海洋现象，记录海表面微尺度波的空间分布。对于任何海洋或大气现象，如果这些现象能够改变海表面微尺度波的空间分布，进而改变海表面粗糙度，那么只要这种变化的空间尺度大于雷达的空间分辨率，这些现象或特征均有可能被SAR探测到。因此，SAR遥感图像中包含着十分丰富的海洋信息。表1.1给出了SAR能够探测到的主要海洋现象，以及这些海洋现象对应的空间尺度、测量要素和SAR遥感成像时的理想风速范围等。

根据这些SAR遥感图像，可以对发生于海洋内部、海洋上层和海－气边界层的多种海洋、大气现象或特征进行分析，对海面风场、海浪、海洋流场特征（海洋涡旋、锋面、上升流、边界流等）、海洋内波、浅海地形及其之间的相互作用进行定性和定量分析，从而进一步加深我们对海洋动力过程的认识(范开国等，2017；陈鹏等，2017)。此外，还可以利用这些SAR遥感图像监测海冰、海面溢油、海上舰船和海岸带变迁等。这使得SAR在海洋学研究、海洋环境保护、海洋资源开发及防灾减灾等方面具有独特的应用价值和发展潜力，并且随着星载SAR遥感技术的不断发展，SAR在海洋学理论与应用研究领域将发挥越来越重要的作用。

表1.1　SAR探测的海洋及海－气边界层现象的典型特征

特征	空间尺度	测量要素	成像时风速范围(m/s)
海面风场	>1 km	风速、风向、风应力	3～25
海面溢油	面积>100 m^2	位置、范围	3～15
海浪	100～600 m波长	波长、波向、波高等	3～40
海洋锋	1～100 km	位置、剪切、速度等	3～10
海洋涡旋	直径1～200 km	位置、源、直径、速度、剪切等	3～10
海洋内波	波长0.3～3 km (内潮10～20 km)	位置、波长、波向、振幅、波高、混合层深度等	2～10
浅海地形	水深5～50 m	位置、变化、流速、深度	3～12

为了方便读者对SAR海洋遥感领域的研究成果有更加系统和全面的认识，本书各章节内容围绕不同海洋动力过程和海洋现象的SAR遥感成像机理、遥感成像理论、遥感探测技术与应用等方面进行阐述。本书的上册和下册各有侧重点，其中上册主要侧重于SAR海洋遥感基本原理、海面上空10 m高度处风场及海冰、海面溢油、海上舰船等海上目标探测方面的研究和应用；下册主要侧重于海面浪场、海洋表层流场，海洋内波和海底的水深地形等与海洋动力过程相关的研究和应用，同时SAR海洋遥感业务化应用情况也在下册进行了简要介绍。

参考文献

陈鹏，范开国，李晓明，等. 2017. 星载合成孔径雷达大气遥感与图像解译. 北京：海洋出版社.

范开国，陈鹏，顾艳镇，等. 2017. 星载合成孔径雷达海洋遥感与图像解译. 北京：海洋出版社.

Fu L , Holt B. 1982. Seasat views oceans and sea ice with synthetic – aperture radar. Jet Propulsion Laboratory Publ. Pasadena, CA.

第2章

合成孔径雷达简介

SAR是利用雷达与探测目标之间相对运动产生的多普勒(Doppler)效应，将尺寸较小的真实天线孔径用数据处理的方法合成一个较大的等效天线孔径的雷达。SAR是一种主动式微波侧视成像雷达，其特点是空间分辨率高(数米至数十米)，即使在黑夜也能正常工作，且其发射的微波可穿透云层，因而观测不受恶劣天气的影响，这种全天时、全天候和高分辨率的对地观测优势是可见光、红外传感器及其他微波传感器所不具备的。SAR在不同波段、不同极化方式、不同视向和俯角下得到的高分辨率雷达图像，为人们提供了非常有用的信息，因此SAR被认为是最有效、最具潜力的传感器之一，在各类地学研究中得到了极为广泛的应用。

2.1 SAR基本概念

2.1.1 SAR成像几何关系

SAR对地物观测采用侧视，这种侧视观测是为了消除天底轨道两侧由两个等距对称点产生的左右模糊。其成像几何关系如图2.1所示。垂直于卫星轨道的方向称为距离向，平行于卫星轨道的方向称为方位向，二者构成地距坐标系。距离向成像的条带是从A点到B点。当卫星在轨道上运行时，SAR沿方位向画出一条连续的观测带，观测带的刈幅宽度即为A点至B点的距离(图2.1)。刈幅宽度S_R可由下式计算：

$$S_R \approx \frac{H\beta}{\cos^2\theta} \tag{2.1}$$

式中，H 为卫星高度；β 为微波脉冲在仰角方向的波束宽度；θ 为入射角，即雷达入射波束与目标表面法线之间的夹角。

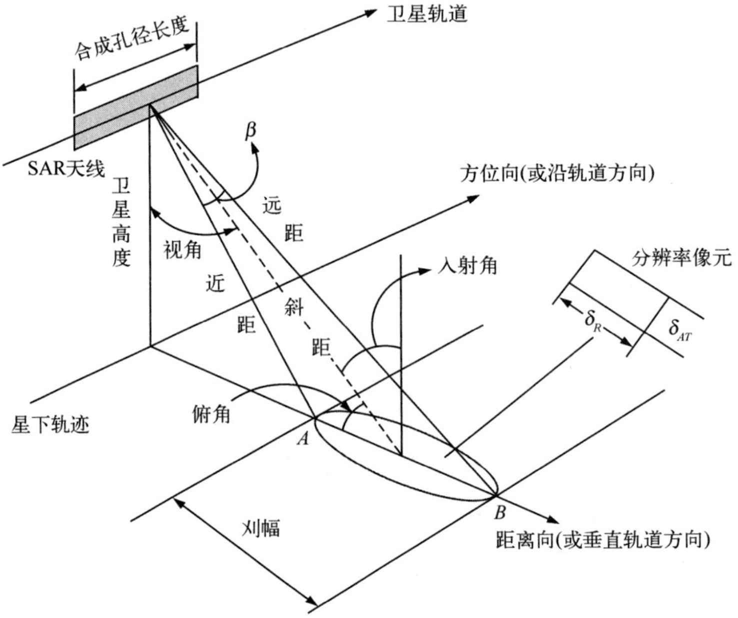

图 2.1　星载 SAR 遥感成像几何关系示意图

海面观测单元内任一点到卫星的距离称为斜距，其中 A 点的斜距最小，被称为近距；B 点的斜距最大，被称为远距。斜距在地面的投影称为地距。

2.1.2　SAR 系统参数

SAR 系统对目标的成像与雷达波的频率、极化和 SAR 遥感成像几何关系有关。遥感应用的 SAR 系统通常采用特定的波长，从而也就确定了雷达的特定频率。并且对任一给定的 SAR 系统而言，发射波的极化方式、入射角和方位角等也是已知常数。SAR 系统参数会影响遥感图像的质量。

2.1.2.1 频率、波长、波数

频率、波长、波数是重要的SAR系统参数，其中观测目标的后向散射特性与雷达波长关系密切。常见的星载SAR主要工作在L、S、C、X等微波波段，表2.1给出了每个波段对应的波长和频率范围。

表2.1 常见星载SAR主要工作波段及对应的波长和频率

波段名称	波长范围(cm)	频率范围(GHz)
L	30~15	1~2
S	15~7.5	2~4
C	7.5~3.75	4~8
X	3.75~2.40	8~12.5

雷达的波长、频率和波数是相互联系的，如式(2.2)和式(2.3)所示：

$$\lambda = \frac{c}{f} \tag{2.2}$$

$$k = \frac{2\pi}{\lambda} \tag{2.3}$$

式中，c为光速(3×10^8m/s)；f为频率；k为波数。

短波长的SAR系统，其空间分辨率高，能量要求也高。因此，早期的机载SAR系统常用短波的X波段以及更短的Ku波段，而星载SAR在综合考虑后一般采用L波段和C波段。

2.1.2.2 极化

极化是涉及电磁波电场矢量方向的描述。当电磁波在空间传播时，其电场矢量的振动方向具有固定的规律，这种现象称为电磁波的极化(偏振)。电磁波的极化状态是根据电场矢量方向与参考平面方向的关系来定义的。如果位于某一点电磁波的电场矢量都在一个平面内，则称之为线性极化或线性偏振。

线性极化可以根据电场矢量与参考平面方向间的关系进一步分为水平极化和垂直极化两种。设一个参考平面由两条直线确定：一条是入射或离开目标表面的电磁波波束所在的直线；另一条是目标表面的法线。对于线性极化的辐射，水平极化的电场与参考平面垂直，垂直极化的电场与参考平面平行。任何电磁波都可以分解成水平极化

和垂直极化两个部分。

根据电磁波的发射和接收方式，可以将 SAR 的极化方式分为 4 种：HH、VV、VH 和 HV。其中，HH 和 VV 称为同极化状态，即雷达脉冲分别是水平发射、水平接收和垂直发射、垂直接收[图 2.2(a)和图 2.2(b)]；VH 和 HV 称为交叉极化状态，即雷达脉冲分别是垂直发射、水平接收和水平发射、垂直接收[图 2.2(c)和图 2.2(d)]。

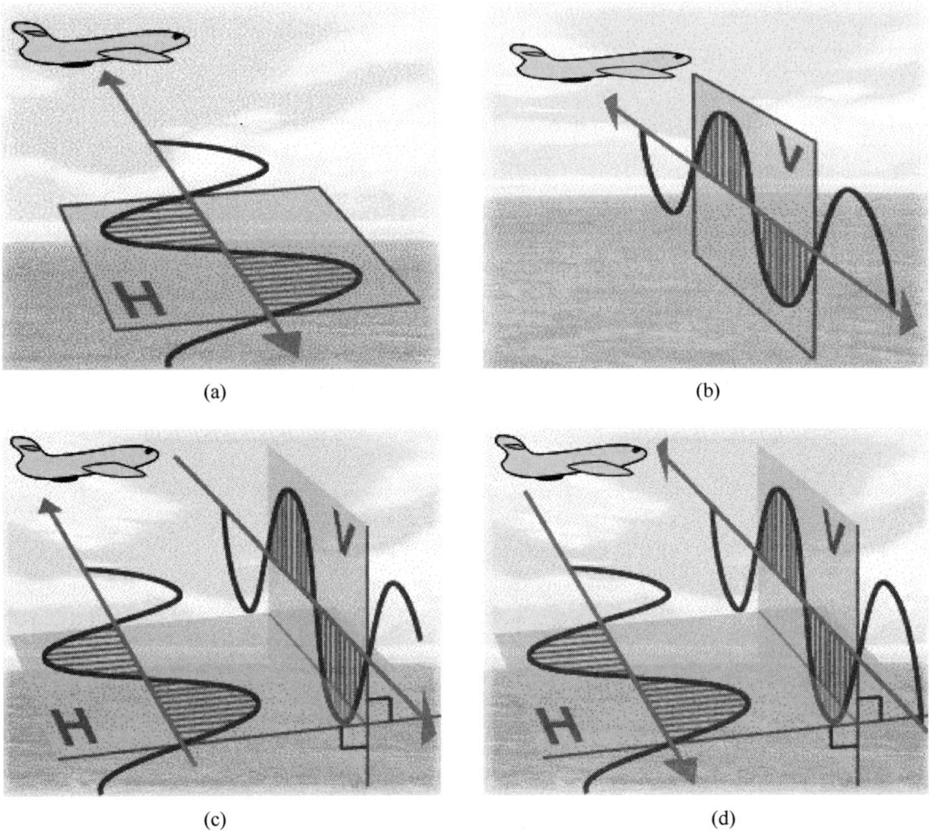

图 2.2　SAR 极化方式

(a)HH 极化：水平发射、水平接收；(b)VV 极化：垂直发射、垂直接收；

(c)VH 极化：垂直发射、水平接收；(d)HV 极化：水平发射、垂直接收

注：图中箭头代表发射和接收方向。

在不同极化状态下，海上的雷达海面后向散射特征存在差别。例如，与 HH 极化和交叉极化相比，VV 极化的 SAR 遥感图像信噪比较高，更适合描述海面的毛细重力波特征，因此更适合用于海洋动力学过程的研究。与 VV 极化相比，HH 极化对海面粗糙

度反应不敏感，因此 HH 极化 SAR 遥感图像更适合用于海冰和海上舰船等目标的监测。此外，对于不同极化状态下的 SAR 遥感图像，辐射定标时需采用不同的定标系数，这是多极化和单极化 SAR 遥感图像在产品处理上的区别。

2.1.2.3 入射角

入射角定义为雷达入射波束与当地大地水准面垂线间的夹角，是影响雷达后向散射及雷达图像上目标物因叠掩或透视收缩产生位移的主要因素。

一般来说，来自分散的散射体的反射率随着入射角的增加而降低。图 2.3(a)说明了入射角、方位角等和地球曲率的关系，此模型假设地形有一定坡度。与此对照，图 2.3(b)给出了“本地入射角”。本地入射角为雷达入射波束与目标表面法线间的夹角，是表面粗糙度的函数。本地入射角的改变会影响雷达的后向散射，这取决于目标物的粗糙度和其变化程度。

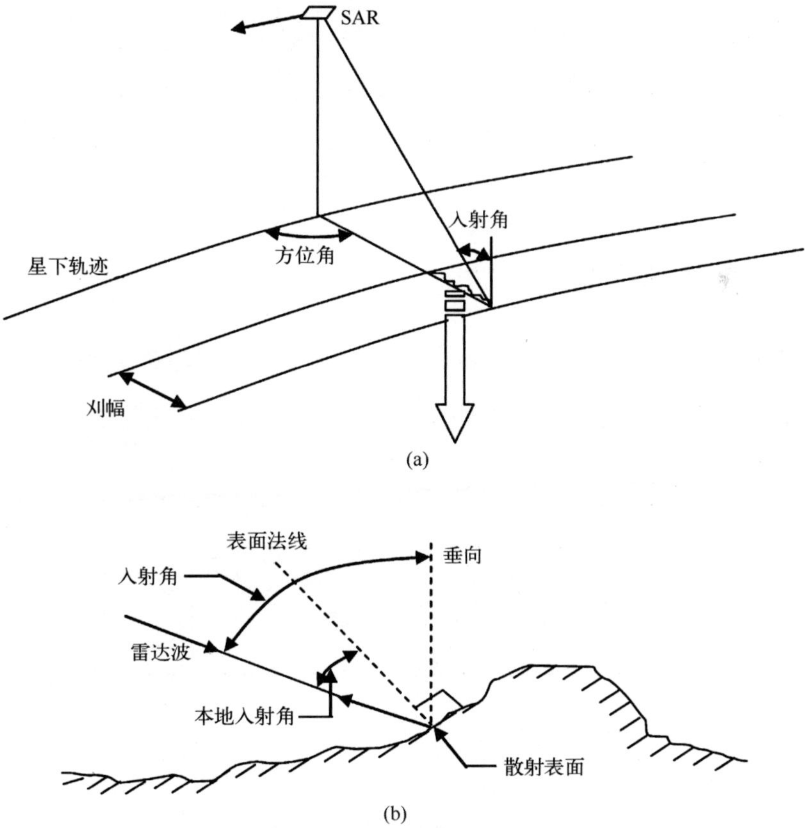

图 2.3 SAR 系统成像机理(a)与本地入射角(b)

2.1.2.4 方位角

SAR 方位角指的是雷达入射平面与卫星飞行方向之间的夹角，对后向散射回波有很大影响。当地物不对称且飞行平行于构造主轴线时，回波很强；而当雷达照射方向与地物走向平行时，回波较弱。

2.2 SAR 工作原理

真实孔径雷达(Real Aperture Radar，RAR)成像系统及处理设备相对较为简单，但其方位向分辨率受到天线尺寸的限制。RAR 系统天线越长，分辨率越高。但是天线的长短又受制于装载雷达系统平台大小的限制，因此不可能为了提高分辨率无休止地增加天线长度。

作为一种脉冲——多普勒成像雷达，SAR 具有很高的分辨率。高分辨率在这里包含着两方面的含义：即高的方位向分辨率和足够高的距离向分辨率。与通过增加天线长度提高方位向分辨率的 RAR 相比，SAR 采用多普勒频移理论和雷达相干理论为基础的合成孔径技术来提高方位向分辨率，而距离向分辨率的提高则通过脉冲压缩技术来实现。

2.2.1 多普勒频移

当波源和观察者有相对运动时，观察者接收到的频率和波源发出的频率会产生差别，这种现象叫多普勒效应，由此导致的接收频率的变化叫多普勒频移。

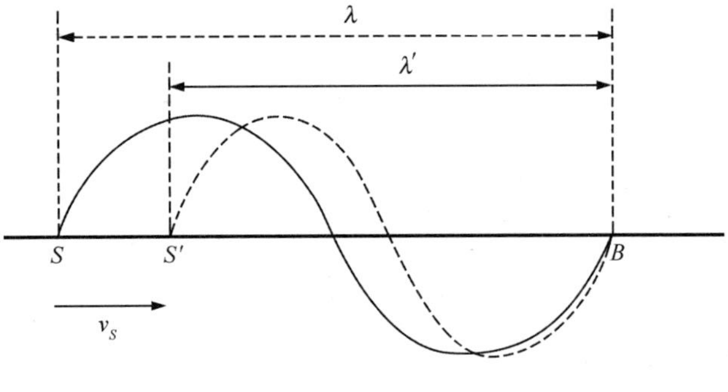

图 2.4　多普勒效应示意图

图2.4给出了阐述多普勒效应的示意图。如图所示，假设波源以速度v_s由S点向B点做匀速直线运动，在前方一个波长位置B点有一个固定的波接收装置。首先，波源在位置S发出频率为f和波长为λ的一个波；经过$T=1/f$的时间以后，波源前进到位置S'。这里T是波周期，并且

$$SS' = v_s \times T = \frac{v_s}{f} \tag{2.4}$$

当波动以速度v到达B点的时候，波源以速度v_s到达了位置S'。此时，B点接收到的声波波长λ'为

$$\lambda' = S'B = SB - SS' = \frac{v}{f} - \frac{v_s}{f} = \frac{v - v_s}{f} \tag{2.5}$$

因此，在B点接收到的波动频率f'是

$$f' = \frac{v}{\lambda'} = \frac{v}{v - v_s}f \tag{2.6}$$

由于$f'>f$，故在B点接收到的波动频率比波源发出的频率要高。

用同样的方法可以导出波源和接收装置做其他形式的相对运动时所接收到的波动频率。只要波源与接收装置之间存在着相对运动，接收到的频率就不同于发射的频率。两者之间的距离缩短时，接收频率高于发射频率；反之，接收频率低于发射频率。在声波领域发现了多普勒效应以后，经过几十年的研究，1938年科学家证明了在电磁波领域内同样存在多普勒效应。目前，利用多普勒效应研制出的导航、测距、跟踪、气象和海洋观探测等雷达系统已得到了广泛的应用。

SAR在实际天线运动的路径上不断记录接收回波并对其进行合成，从而形成一个理想的较大的孔径。如图2.5所示，卫星在飞行过程中于t_1时刻到达A点，此时，它发射一束电磁波首先接触到某等延迟线上的目标点C点，并接收此点的回波信号，直到最后于t_2时刻飞行至B点并接收到C点的回波信号。在此期间，SAR不断发射电磁波并记录下C点回波信号的强度和频率，然后对所有有关C点的回波进行数字合成。这个过程相当于从A点到B点这么大的孔径(即合成孔径，其长度为$L_{SA}=\theta_A R$，其中R为斜距，θ_A为方位向波束宽度)发射一束电磁波到C点并接收回波信号。对于被照区域的其他点也是如此。实际上，SAR就是以增加发射次数为代价，利用较小的实际天线长度达到与大的天线长度相同的效果。

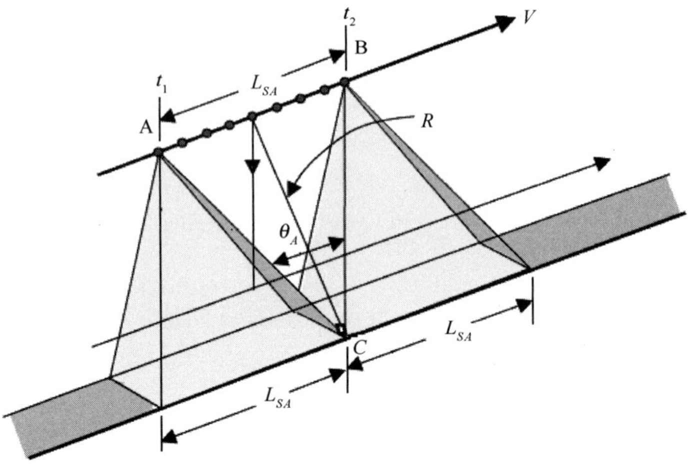

图 2.5　孔径合成原理示意图

合成孔径技术意味着依据多普勒效应，采用“混频”技术产生多普勒频移，这些多普勒频移携带着地物表面粗糙度的信息，而且，这些地物表面信息具有比 RAR 更高的空间分辨率。

2.2.2　脉冲压缩

对于简单的脉冲(单频)发射波，其持续时间 T_p 越短，对应距离向分辨率越高。理论上讲，缩短脉冲时间可以提高分辨率，但如果脉冲持续时间过短，回波信号的能量或平均功率 P_w 过低，信噪比(Signal to Noise Ratio，SNR)达不到要求，同样不利于在噪声背景下的信号检测。

为了解决信号的功率水平与距离分辨率之间矛盾的问题，SAR 系统普遍采用了脉冲压缩技术。脉冲压缩的主要方法是：发射脉冲不再是简单脉冲，而是在幅度或相位上按波形进行调制，在接收端经过压缩处理使得接收脉冲似乎是由短脉冲产生的。

假定具有线性频率的脉冲波形为：

$$s(t) = \cos(2\pi f_e t + \pi K_c t^2), |t| \leqslant \frac{T_p}{2} \tag{2.7}$$

其瞬时频率 f 为：

$$f = \frac{1}{2\pi}\frac{\partial\varphi}{\partial t} = \frac{1}{2\pi}\frac{\mathrm{d}(2\pi f_e t + \pi K_c t^2)}{\mathrm{d}t} = f_e + K_c t,\ |t| \leqslant \frac{T_p}{2} \tag{2.8}$$

其中，f_e 为载频；K_c 为脉冲压缩率，$K_c>0$ 时称逆脉冲压缩，$K_c<0$ 时称为顺脉冲压缩。由于 $s(t)$ 的频率范围从 $\left(f_e-|K_c|\frac{T_p}{2}\right)$ 变化到 $\left(f_e+|K_c|\frac{T_p}{2}\right)$，则带宽为：

$$B = |K_c|T_p \tag{2.9}$$

信号理论指出，带宽为 B 的信号可以等价处理持续时间为 $\tau=\frac{1}{B}$ 的脉冲。可以定义脉冲压缩比 PCR 为压缩前简单脉冲对应长度与压缩后等脉冲压缩之比：

$$PCR = \frac{T_p}{\frac{1}{B}} = T_pB = |K_c|T_p^2 \tag{2.10}$$

由此可见，脉冲压缩比为发射脉冲的时间与带宽之积，它反映了脉冲压缩引起的距离分辨率的改进，这种改进可以高达10^5。

2.2.3 SAR 分辨率

2.2.3.1 距离向分辨率

图2.6 显示了雷达的距离向分辨率的推导示意图。如图所示，S 代表卫星，θ 是入射角，线段 SC 为斜距，即卫星与探测点之间的距离，线段 AB 代表沿雷达波束在地面的投影方向上能够分辨的最小距离，我们称之为距离向分辨率，并用 δ_R 表示。

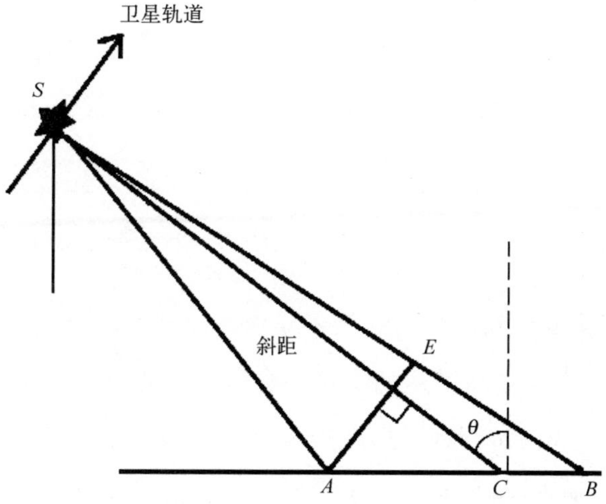

图2.6 距离向分辨率示意图

根据直角三角形各边的关系，距离分辨率 δ_R 与线段 EB 有关，即

$$\delta y = AB \approx \frac{EB}{\sin\theta} \tag{2.11}$$

线段 EB 和卫星接收到的雷达脉冲持续时间 τ 的关系满足

$$2 \cdot EB = c\tau \tag{2.12}$$

式中，c 为光速。

将式(2.12)代入式(2.10)，距离分辨率 δ_R 可以表示为

$$\delta_R = \frac{c\tau}{2\sin\theta} \tag{2.13}$$

由式(2.13)可知，距离向分辨率 δ_R 与脉冲持续时间 τ，或者等价地说，与脉冲宽度$\Delta r = c\tau$呈正比。脉冲持续时间越短，脉冲宽度越窄，距离向分辨率越高。以 ENVISAT ASAR 成像模式的 SAR 遥感图像为例，其距离向分辨率约为 30 m，要获得这么高的分辨率，所需要的脉冲约为 10^{-8} s。而如此短的脉冲不可能有足够的能量把回波信号提高到噪声水平以上。因此，需要采用脉冲压缩技术减少脉冲持续时间，将长脉冲压缩为非常短的脉冲，以获得高的距离向分辨率(Stewart，1985)。

此外，距离向分辨率还与入射角的正弦 $\sin\theta$ 呈反比。入射角越小，距离向分辨率越低。因此，SAR 对地物进行侧视扫描而不是垂直探测，目的之一就是避免太小的入射角。

2.2.3.2 方位向分辨率

RAR 不依赖于多普勒效应，其方位向分辨率 δ_{AT}^R与雷达波长 λ 和天线的真实孔径 D 的比值有关，表示为

$$\delta_{AT}^R = \frac{R\lambda}{D} \tag{2.14}$$

式中，R 为斜距，即从卫星到探测点的距离。

由式(2.14)可知，要提高雷达的方位向分辨率，必须增加天线长度。一般来说，雷达工作的波长为 3 ~ 30 cm，对于高度约为 750 km 的低轨卫星，即使要达到 100 m 的方位向分辨率，也要求天线孔径为 0.225 ~ 2.25 km，而目前的空间技术显然无法做到这点。因此，当分辨率要求很高时，RAR 不能应用于卫星轨道。利用孔径合成的技术，SAR 可以在不增加天线长度的前提下提供高分辨率的地面信息。

根据 2.2.1 节，多普勒频率 Ω(单位：Hz)可表示为

$$\Omega = f - f_0 = \left(\frac{c + V'}{c - V'}f_0\right) - f_0 = \frac{2V'}{c\left(1 - \frac{V'}{c}\right)}f_0 \tag{2.15}$$

式中，f_0 和 f 和分别为雷达发射的电磁波频率和接收到的回波频率；V' 为卫星与被探测点之间的相对速度，等于卫星飞行速度矢量 V 沿波束方向上的投影，即

$$V' = V\cos\psi \tag{2.16}$$

其中，ψ 为方位角，即雷达波束与卫星飞行方向之间的夹角。

由于电磁波的传播速度 c 远大于 V'，式(2.15)中 $V'/c \ll 1$，可忽略不计。所以

$$\Omega = \frac{2V'}{c}f_0 = \frac{2V}{\lambda}\cos\psi \tag{2.17}$$

式中，λ 为雷达发射的电磁波波长。

使用方位角的微分 $\delta\psi$ 来表示多普勒频率的微分 $\delta\Omega$，根据式(2.17)有

$$|\delta\Omega| = \frac{2V\sin\psi}{\lambda}\delta\psi \tag{2.18}$$

则方位角分辨率 $\delta\psi$ 可表示为

$$\delta\psi = \frac{\lambda}{2V\sin\psi}|\delta\Omega| \tag{2.19}$$

多普勒频率的分辨率 $\delta\Omega$ 可以通过采样时间长度 t_s 近似地表示为

$$|\delta\Omega| \approx \frac{1}{t_s} \tag{2.20}$$

将式(2.20)代入式(2.19)，可得

$$\delta\psi = \frac{\lambda}{2X_D\sin\psi} \tag{2.21}$$

式中，$X_D = Vt_s$ 表示对一个探测点在整个采样时间 t_s 内卫星移动的距离。

根据式(2.21)，SAR 的方位向分辨率，即沿方位向可分辨的两点之间的最小距离 δ_{AT} 为

$$\delta_{AT} = R\delta\psi = \frac{R\lambda}{2X_D\sin\psi} \tag{2.22}$$

比较式(2.14)和式(2.22)可以发现，式(2.22)分母项 $2X_D\sin\psi$ 和真实孔径 D 的作用相同，这等同于通过合成孔径技术取得了一个比较大的天线孔径。合成孔径技术意

味着依据多普勒效应，采用“混频”技术产生多普勒频率，然后运用“低通滤波”技术剔除随之产生的高频成分，而只保留多普勒频率成分。与RAR不同的是，SAR不但以多普勒频率为载波携带着地球表面粗糙度的信息，而且携带的信息具有更高的空间分辨率。

2.2.4 SAR多视处理

信号的相干性是SAR能够提高分辨率的关键，但是用相干电磁波照射目标会使图像产生斑点噪声，使图像信噪比下降。由于海面散射一般较弱，斑点在SAR海洋图像中的存在，在一定程度上使信号掩盖在斑点之中，使解译者难以区分各种海洋现象。所以在许多时候，都需要采用平滑或自适应滤波器等方法来抑制或消除SAR遥感图像中的斑点噪声。

SAR图像中斑点噪声的降低过程比较复杂。通常把SAR设计成长的合成天线（或较大带宽）。间距相同的发射脉冲受到相当发射信号波束宽度地物的拦截，由天线接收生成与多普勒有关的信号，然后把多个孔径返回的每一个信号储存起来做进一步的处理。这些非相关的独立图像或SAR处理的同一景内的子图像被称作“多视”。通常选择一组“单视”来对图像进行处理，然后把它们平均处理成“多视”图像，这个过程称为多视处理。由于多视处理仅用到整个带宽的一部分，所以处理后的图像空间分辨率也降低了。多视处理能有效地抑制斑点噪声，但却是以牺牲系统分辨率为代价的。

参考文献

傅斌. 2005. SAR浅海水下地形探测. 青岛：中国海洋大学.

郭华东. 2000. 雷达对地观测理论与应用. 北京：科学出版社.

刘永坦. 1999. 雷达成像技术. 哈尔滨：哈尔滨工业大学出版社.

刘玉光. 2009. 卫星海洋学. 北京：科学出版社.

袁孝康. 2003. 星载合成孔径雷达导论. 北京：国防工业出版社.

Lame D B, G H Born. 1982. SEASAT measurement system evaluation: Achievement and limitations. Journal of Geophysical Research, 87 (C5): 3 175 – 3 178.

McCandless S W, R J Christopher. 2004. Principles of synthetic aperture radar. In: Synthetic Aperture Radar Marine User's Manual. Christopher R J and J R Apel, eds. Washington DC: U. S. Department of Commerce, 189 – 206.

Oliver C J, S Quegan. 1998. Understanding Synthetic Aperture Randar. London: Artech House.

Stewart R H. 1985. Methods of Satellite Oceanography. University of California Press.

第3章

SAR 海洋遥感基本原理

3.1 海面微波散射基本概念

3.1.1 镜面反射和后向散射

卫星发出的电磁波向下传播，遇到海面经过反射和散射等物理过程，返回的电磁波携带着海面的信息，这些信息连同噪声被雷达接收。对于平静无风的海面而言，镜面反射是电磁波能量返回雷达传感器的主要过程，海面基本上可以将能量反射到在天底点方向(垂直海面方向，即入射角为0°)发射电磁波的传感器，其他入射角则不能把能量反射回传感器。对于有风的海面则不然，随着风生表面张力波和毛细重力波(统称微尺度波)的出现，海面变得粗糙起来，这相当于海面生成了很多从不同方向反射能量的小反射面，致使到达天底点方向的回波大大减少。相反，偏离天底点方向的传感器也可以接收到一些回波。即使最粗糙的海面也不可能产生相对于水平面倾斜25°以上的斜率，因此，镜面反射只有对于0°~15°的入射角才是重要的。对于大于15°的入射角而言，主要通过海面的后向散射得到回波信号，且回波信号的强弱很大程度上取决于海面的粗糙度(Robinson，1985)。

3.1.2　雷达海面后向散射截面

图 3.1 是描述雷达波束在海面投射的几何示意图。其中，θ 是入射角，即雷达波束与海面垂线的夹角；R 是卫星到被探测面积元的距离；A 是雷达波束照射到海表面的面积。

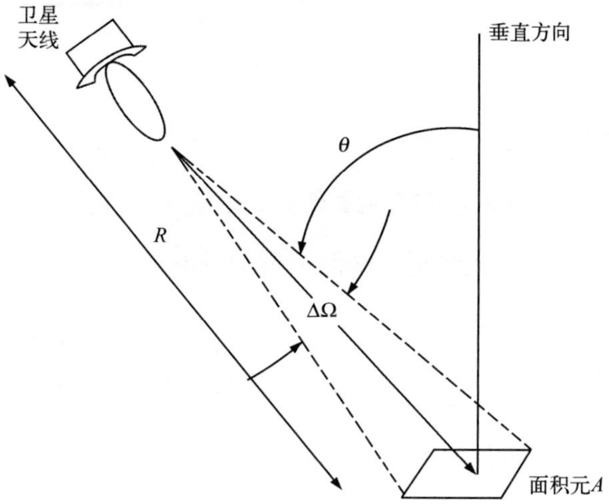

图 3.1　雷达波束在海面投射的几何示意图

对于 SAR 而言，雷达方程的基本形式是

$$P_R = \frac{P_T G_T}{4\pi R^2}\sigma \frac{A_E}{4\pi R^2} \tag{3.1}$$

式中，P_R 是接收的雷达功率(Watt)；P_T 是发射的雷达功率；G_T 是天线传输能量增益；A_E 是天线的有效面积(m^2)；σ 是对应被探测元的雷达后向散射截面(m^2)。

天线接收电磁波的能量增益 G_R 与天线的有效面积 A_E 的关系是

$$G_R = \frac{4\pi}{\lambda^2}A_E \tag{3.2}$$

式中，λ 是电磁波的波长。将式(3.2)代入式(3.1)得

$$P_R = \frac{P_T G_T G_R \lambda^2 \sigma}{(4\pi)^3 R^4} \tag{3.3}$$

式(3.3)是雷达方程的一般形式。根据式(3.3)，对应被探测面积元的雷达后向散射截面 σ(m^2)可表示为

$$\sigma = \frac{P_R}{P_T} \frac{(4\pi)^3 R^4}{G_T G_R \lambda^2} \tag{3.4}$$

单位面积的雷达后向散射截面 σ^0 是无量纲的，它的定义是

$$\sigma = \int_A \sigma^0 \mathrm{d}A \approx \sigma^0 A \tag{3.5}$$

将式(3.4)代入式(3.5)，σ^0 可由接收功率和发射功率的比值表示为：

$$\sigma^0 \approx \frac{P_R}{P_T} \frac{(4\pi)^3 R^4}{G_T G_R \lambda^2 A} \tag{3.6}$$

因为 σ^0 是无量纲的，故一般被称为标准化雷达后向散射截面 NRCS(Normalized Radar - backscatter Cross Section)，也称为标准化雷达后向散射系数。由于 σ^0 变化范围太大，经常用 $\sigma^0[\mathrm{dB}]$ 表示标准化雷达后向散射截面 NRCS，即

$$\sigma^0[\mathrm{dB}] = 10 \log_{10}\sigma^0 \tag{3.7}$$

式中，左侧代表用分贝(dB)表达的 $\sigma^0[\mathrm{dB}]$，右侧代表原始定义的 σ^0。分贝(dB)仅仅是数学单位，不代表物理上的量纲。

3.1.3 海面粗糙度

研究表明，SAR 后向散射在很大程度上受到海面粗糙度的影响。如图 3.2 所示，对于光滑海面，产生类似镜面的反射效应，基本上没有后向散射，因此其在 SAR 遥感图像上显得很暗；对于中等粗糙的海面，大部分入射到海面的雷达波离开雷达，其中仅有一部分返回雷达，后向散射部分很小；而对于粗糙海面，散射方向图展布得很宽，因此后向散射到雷达的能量增加。一般地，后向散射与海面粗糙度成比例，在 SAR 遥感图像上，粗糙目标较光滑目标亮度大(杨劲松，2005)。

海面粗糙度是一个反映海面粗糙程度的物理量，其量值不仅与海面的粗糙程度有关，在不同雷达波长和入射角条件下，海面粗糙度也不同。为了定量描述海面粗糙度，可以采用 Rayleigh 判据的二分法(Stewart，1985)。即，满足条件

$$h_r \cos\theta < \lambda_R / 8 \tag{3.8}$$

的海面为平滑海面，否则为粗糙海面。式(3.8)中，h_r 为海面起伏的垂直高度。

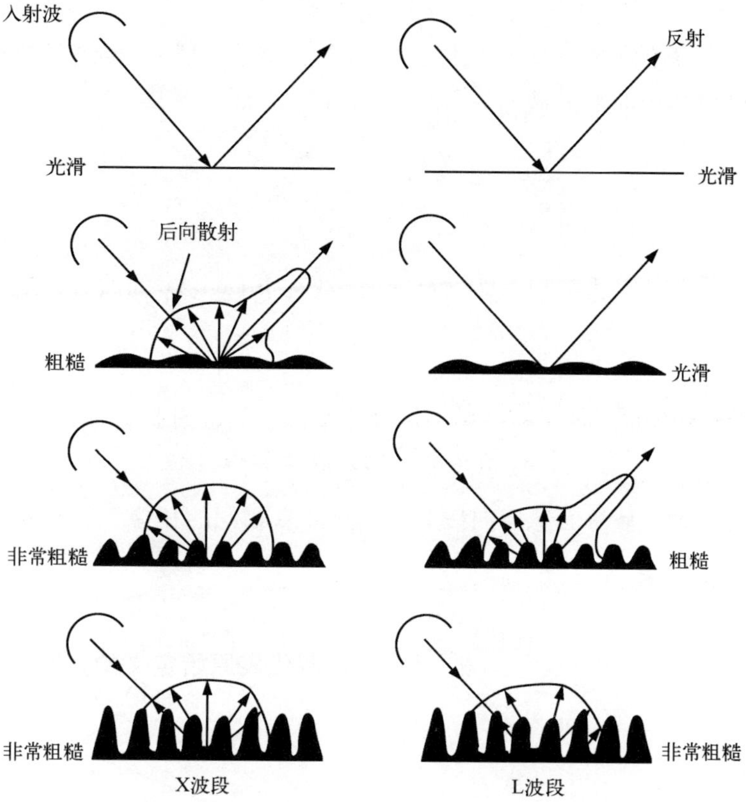

图 3.2 不同雷达波长(X 波段和 L 波段)条件下的海面粗糙度与散射方向示意图
(Onstott and Shuchman, 2004)

也可以采用三分法对海面粗糙度进行定量描述，即满足 $h_r < \lambda_R \cos\theta/25$ 条件的海面是平滑海面，满足 $h_r > \lambda_R \cos\theta/4$ 条件的海面是粗糙海面，介于两者之间的为中等粗糙海面(Robinson, 1985)。例如，对于工作在 C 波段的 ERS－1/2 SAR 来说，$\lambda_R \approx 5.6$ cm，$\theta \approx 23°$，则 $h_r > 1$ cm 的海面可视为粗糙海面。

3.1.4 Bragg 共振散射原理

一般来说，标准化雷达后向散射截面 NRCS 包括两个部分：一部分由电磁波在海面的镜面反射机制产生；另一部分是 Bragg 共振散射机制产生的信号。即

$$\sigma^0 = a\sigma_R^0 + \sigma_B^0 \tag{3.9}$$

式中，σ_R^0 代表来自镜面反射的部分；σ_B^0 代表来自 Bragg 共振散射的部分；a 是校准系数(Apel, 1994; Wu, 1994)，采用校准系数是因为人们对镜面反射机制还没有完全认

识清楚而采取的一种补救措施。

雷达发射的电磁波与海表面微尺度波之间产生 Bragg 共振需要满足如下条件

$$\lambda_R = 2\lambda_B \sin\theta \tag{3.10}$$

或

$$k_B = 2k_R \sin\theta \tag{3.11}$$

式中，k_R 和 k_B 分别是雷达波和海面微尺度波（或称 Bragg 波）的波数；λ_R 和 λ_B 分别是其对应的波长。

图 3.3 显示了 Bragg 共振条件的示意图。当

$$\lambda_B \sin\theta = 2\,\overline{AB}\sin\theta = 2\,\overline{BC} \tag{3.12}$$

等于雷达波长 λ_R 时，从海面上后向散射的电磁波有相同的相位，具有相同相位的电磁波相遇产生 Bragg 共振。

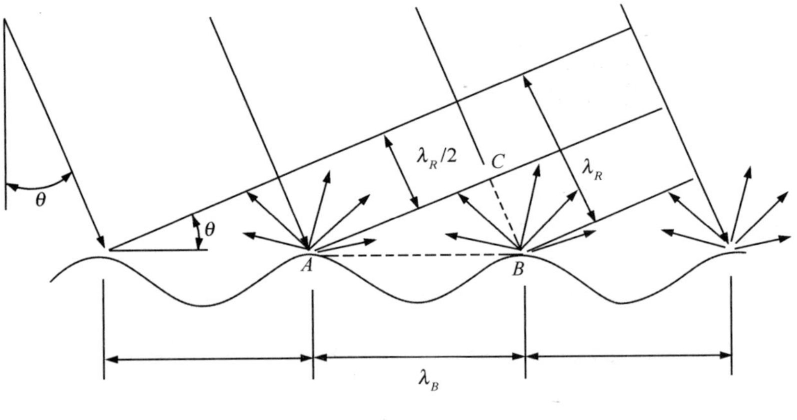

图 3.3　Bragg 共振条件示意图

由于 SAR 对海面进行的是侧视观测，入射角一般大于 20°，因而对于平滑海面来说镜面反射回波很少，占主要部分的则是电磁波与海表面微尺度波之间产生的 Bragg 共振散射回波信号。图 3.4 显示了镜面反射和 Bragg 散射随入射角的变化。

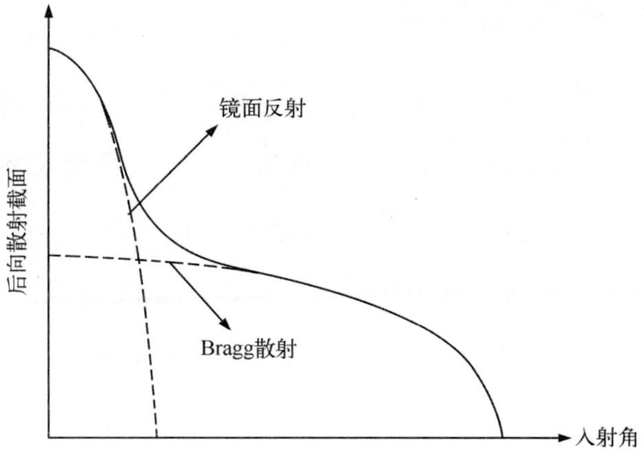

图 3.4　镜面反射和 Bragg 散射随入射角的变化

3.2　雷达海面后向散射模型

SAR 海面后向散射的过程非常复杂，目前还没有一种能够完全描述海面微波散射特征的模型。描述随机粗糙表面的雷达后向散射的模型主要有 Kirchhoff 散射模型、Bragg 共振散射模型、二尺度散射模型、改进的组合表面模型和半经验模型等。

Kirchhoff 散射模型适用于大尺度起伏的粗糙海面和小入射角情况(0° ~ 20°)。Bragg 共振散射模型主要应用于小尺度起伏的粗糙海面和中等入射角(20° ~ 70°)情形(星载 SAR 波束的入射角多为 20° ~ 70°)。二尺度散射模型是在 Bragg 共振散射模型的基础上，考虑了长波对 Bragg 波的影响(Wright，1968；Plant，1986；金亚秋，1993)。改进的组合表面模型在此基础上做了改进，同时考虑到了长波和中波对短波的调制(Romeiser et al.，1994；Romeiser and Alpers，1993，1997)。半经验模型则是在二尺度散射模型的基础上又考虑了海浪破碎导致的非 Bragg 散射(Kudryavtsev et al.，2003，2005)。到目前为止，上述模型应用较为广泛的是 Bragg 共振散射模型与改进的组合表面模型。

3.2.1 Kirchhoff 散射模型

当散射体或者散射面的曲率半径相对于雷达波长很大时，表面场可以用表面各点切平面的场来近似表示。用这种近似方法得到散射场的过程叫 Kirchhoff 法或者物理光学法(Holliday et al.，1986，1987)。Barrick 推导了有限粗糙海面的散射结果，单位面积上的散射截面与粗糙海面的概率密度函数 $p(\zeta_x,\ \zeta_y)$ 呈正比，其中 ζ 为海面波高，$\zeta_x=\partial\zeta/\partial_x$，$\zeta_y=\partial\zeta/\partial_y$ 分别是其在 x 和 y 方向上的斜率(Barrick，1972)。单位面积的散射截面可以表示为：

$$\sigma_{BA} = \pi\sec^4\theta p(\zeta_x,\zeta_y) \mid R(0) \mid^2 \tag{3.13}$$

式中，$R(0)$ 是垂直入射时的菲涅耳(Fresnel)反射系数。此方程式表明仅垂直于入射电磁波方向的海面上的散射对雷达接收回波有贡献。该方程与入射电磁波的波长和极化方式无关，仅依赖于菲涅耳反射系数和海面斜率。对呈高斯分布的各向同性的粗糙海面来说，式(3.13)可以写成如下形式：

$$\sigma_1 = \frac{\mid R(0) \mid^2}{s^2}\sec^4\theta\exp(-\tan^2\theta/s^2) \tag{3.14}$$

$$R(0) = (1-\varepsilon_r)/(1+\varepsilon_r) \tag{3.15}$$

式中，s^2 是总的海面斜率；ε_r 是海水的复介电常数，也叫相对电容率。式(3.20)表明在海洋应用中，仅当海浪尺度大于入射电磁波波长时，海浪的均方斜率才对后向散射截面有贡献。对于这种物理光学模型，只在接近垂直入射时有效(一般入射角 $\theta<20°$)。此时小扰动理论不再适用，直到入射角增加到 20°左右，小扰动的近似开始变得显著起来，即发生 Bragg 散射。

3.2.2 Bragg 共振散射模型

自 20 世纪 60 年代以来，一系列的海洋调查和水槽试验研究表明，在中等入射角和中等风速情况下，海面散射以 Bragg 共振散射为主(Wright，1966；Valenzuela，1978)。

Bragg 共振散射理论中，雷达波与海面波相互作用产生的标准化雷达海面后向散射截面的表达式为(Wright，1966；Barrick，1972；Jordan and Lang，1979)：

$$\sigma_{PP}^{0}(\theta) = 16\pi k_R^4 \cos^4\theta \mid g_{PP}(\theta) \mid^2 \Psi(k_B, 0) \tag{3.16}$$

$$g_{\text{HH}}(\theta) = \frac{\varepsilon_r - 1}{\left(\cos\theta + \sqrt{\varepsilon_r - \sin^2\theta}\right)^2} \tag{3.17}$$

$$g_{\text{VV}}(\theta) = \frac{(\varepsilon_r - 1)[\varepsilon_r(1 + \sin^2\theta) - \sin^2\theta]}{\left(\varepsilon_r\cos\theta + \sqrt{\varepsilon_r - \sin^2\theta}\right)^2} \tag{3.18}$$

其中，雷达波数 $k_R = 2\pi/\lambda_R$；Bragg 波数 $k_B = 2\pi/\lambda_B$；ψ 为海面微尺度波高谱，角度零表示波数与海面风向的夹角为零；g_{PP}是极化函数，下标 HH 和 VV 表示雷达发射和接收信号的极化方式，HH 为水平发射和水平接收极化方式，VV 为垂直发射和垂直接收极化方式。

3.2.3 二尺度散射模型

二尺度散射模型假设海面波由波长较长的大尺度波(波长为 λ_L，大于雷达分辨单元)和波长较短的微尺度波(波长为 λ_S，小于雷达分辨单元)两部分组成(图 3.5)，大尺度波通过倾斜调制、水动力调制等来改变局部的 Bragg 散射条件，微尺度波则满足 Bragg 共振散射条件(Valenzuela，1978；Plant，1986；Donelan and Pierson，1987)。

在计算的时候，先计算每个小区域的局部散射截面，再利用长波表面斜率的概率密度函数，对局部散射截面进行积分。二尺度模型认为，大尺度波的作用主要是改变局地入射角。假设其在 x 和 y 方向的斜率为$(\xi_x, \xi_y) = \left(\frac{\partial\xi}{\partial x}, \frac{\partial\xi}{\partial y}\right)$，则局地入射角为：

$$\theta_i = \cos^{-1}[\cos(\theta + \psi)\cos(\delta)] \tag{3.19}$$

其中，$\psi = \tan^{-1}(\xi_x)$为由于长波的存在引起的局地散射单元的法线在入射面内偏离垂线的角度，$\delta = \tan^{-1}(\xi_y)$为法线在与入射面垂直的平面内偏离垂线的角度。在 HH、VV、HV 和 VH 极化方式下，每一小面元产生的标准化雷达后向散射截面为(Valenzuela，1978；Donelan and Pierson，1987)：

$$\sigma^0(\theta_i)_{\text{HH}} = 16\pi k^4 \cos^4\theta_i \mid \left(\frac{\alpha\cos\delta}{a_i}\right)^2 g_{\text{HH}}(\theta_i) + \left(\frac{\sin\delta}{\alpha_i}\right) g_{\text{VV}}(\theta_i) \mid^2 \times W(2k\alpha, 2k\gamma\sin\delta) \tag{3.20}$$

$$\sigma^0(\theta_i)_{VV} = 16\pi k^4 \cos^4\theta_i \left| \left(\frac{\alpha\cos\delta}{a_i}\right)^2 g_{VV}(\theta_i) + \left(\frac{\sin\delta}{\alpha_i}\right) g_{HH}(\theta_i) \right|^2 \times W(2k\alpha, 2k\gamma\sin\delta) \tag{3.21}$$

$$\sigma^0(\theta_i)_{HV} = \sigma^0(\theta_i)_{VH} = 16\pi k^4 \cos^4\theta_i \left| \left(\frac{\alpha\cos\delta\sin\delta}{\alpha_i^{\ 2}}\right) \times [g_{HH}(\theta_i) - g_{VV}(\theta_i)] \right|^2 W(2k\alpha, 2k\gamma\sin\delta) \tag{3.22}$$

其中，$\alpha_i = \sin\theta_i$；$\alpha = \sin(\theta+\psi)$；$\gamma = \cos(\theta+\psi)$；$k_x = 2k\alpha$ 和 $k_y = 2k\gamma\sin\delta$ 为 Bragg 波数在 x 和 y 方向的分量。

于是，每一散射单元的总后向散射截面是一个二维积分：

$$\sigma^0(\theta)_{ij} = \int_{-\infty}^{\infty} d\xi_x \int_{-\infty}^{\infty} \sigma^0(\theta_i)_{ij} p(\xi_x, \xi_y) d\xi_y \tag{3.23}$$

其中，$p(\xi_x, \xi_y)$是长波波高在(x, y)方向斜率的概率密度分布函数，其表达式为(Donelan and Pierson，1987)：

$$p(\xi_x, \xi_y) = \begin{cases} IP_g(\xi_x, \xi_y)\dfrac{\cos(\theta+\psi)}{\cos(\psi)} & 当 |\theta+\psi| \leqslant \dfrac{\pi}{2} 时 \\ 0 & 当 |\theta+\psi| > \dfrac{\pi}{2} 时 \end{cases} \tag{3.24}$$

其中，I 选取为使概率分布的积分为 1 的值，P_g 为高斯概率密度分布函数：

$$P_g = \frac{\exp\left[-\dfrac{1}{2}\left(\dfrac{\xi_x^2}{c_x^2} + \dfrac{\xi_y^2}{c_y^2}\right)\right]}{2\pi c_x c_y} \tag{3.25}$$

其中，c_x 和 c_y 分别为 x 和 y 方向的波浪坡度变量(Cox and Munk，1954)：

$$c_x^2 = \begin{cases} 8.7 \times 10^{-3}\Theta^{\frac{1}{2}} & 当 0 \leqslant \Theta < 1 时 \\ [3(\lg U_{10})\dfrac{1}{2} + 1.37] \times 10^{-3}(\Theta - 1) + 8.7 \times 10^{-3} & 当 1 \leqslant \Theta < 10 时 \end{cases} \tag{3.26}$$

$$c_y^2 = \begin{cases} 4.6 \times 10^{-3}\Theta & 当 0 \leqslant \Theta < 1 时 \\ [3.3(\lg U_{10})\dfrac{1}{2} + 0.82] \times 10^{-3}(\Theta - 1) + 4.6 \times 10^{-3} & 当 1 \leqslant \Theta < 10 时 \end{cases} \tag{3.27}$$

其中，$\Theta = \left[\lg\left(\dfrac{k_\Gamma}{k_p}\right)\right]^2$，$k_\Gamma = \dfrac{k}{40}$，$k_p = \dfrac{g}{(1.2U_{10})^2}$，$U_{10}$为海面上空 10 m 高度外的风速。

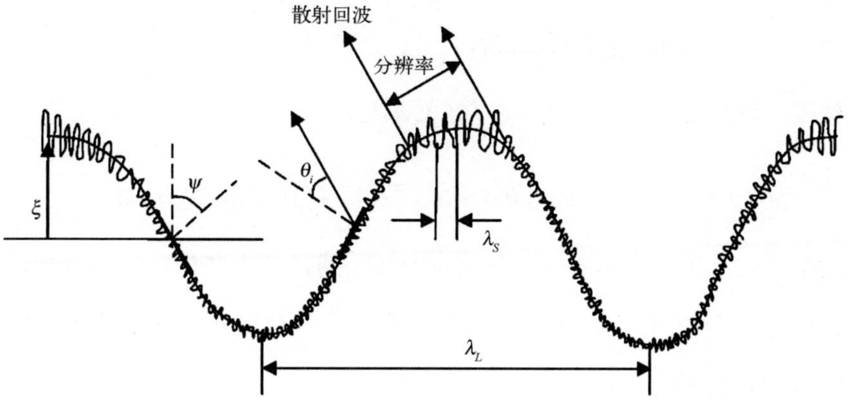

图 3.5　二尺度散射模型示意图

3.2.4　改进的组合表面模型

基于 Bragg 共振散射理论和二尺度散射模型，Romeiser 和 Alpers 等提出了一种改进的组合表面模型(Improved composite surface model)，这种模型从某种意义上说也就是三尺度模型，即把海面分成了长波、中波和短波 3 个部分。如图 3.6 所示，长波波长为 λ_L，大于雷达分辨单元；短波为 Bragg 波，波长为 λ_S，比雷达分辨单元要小得多；中波波长为 λ_M，小于雷达分辨单元，但同时大于短波波长(Romeiser and Alpers, 1993, 1997)。

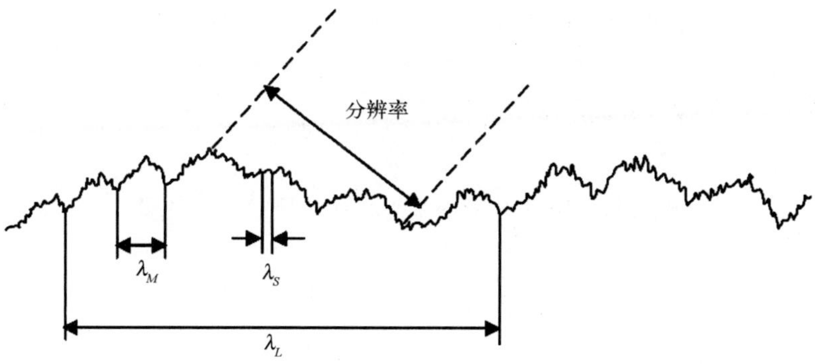

图 3.6　改进的组合表面模型示意图

通过积分海面微尺度波高谱，可以得到海面波高的均方波高：

$$\iint \Psi(k_x, k_y)\,\mathrm{d}k_x \mathrm{d}k_y = \langle \xi^2 \rangle \tag{3.28}$$

海面坡度 s 和海面波高 $\xi = (\xi_x, \xi_y)$ 的关系是：

$$s = (\xi_x, \xi_y) = \left(\frac{\partial \xi}{\partial x}, \frac{\partial \xi}{\partial y}\right) \tag{3.29}$$

改进的组合表面模型就是基于二维海面坡度 s 通过傅立叶（Fourier）变换对雷达海面后向散射强度进行泰勒（Taylor）展开，并在分辨单元内对展开后的雷达海面后向散射强度进行时间空间上的平均。

引入权重系数 w 修正雷达海面后向散射强度 σ，令 $\sigma' = w\sigma$。w 可表示为：

$$w = \frac{H_0^2}{(H_0 - \xi)} \frac{\cos(\theta_0 - s_p)}{\cos\theta_0 \cos s_p} \tag{3.30}$$

其中，H_0 是雷达天线相对海面的平均高度；s_p 是海面斜率 $\vec{s}$ 平行于雷达视向的分量，s_n 是 $\vec{s}$ 垂直于雷达视向的分量，与海面波高 ξ 的关系为：$\vec{s} = (s_p, s_n) = \left(\frac{\partial \xi}{\partial x}, \frac{\partial \xi}{\partial y}\right)$。

将 σ' 在海面斜率上展成泰勒级数形式保留到非零二阶项，并用符号 ∧ 和 ∨ 表示傅立叶变换和其共轭，则有：

$$\begin{aligned}\sigma'(\vec{\rho}, t) = {} & \sigma'(\vec{s} = 0) + \frac{1}{2}\iint \mathrm{d}^2 k \left[\overset{\wedge}{\sigma}'(\vec{k}) \mathrm{e}^{-i(\vec{k}\cdot\vec{x} - \omega)} + \overset{\vee}{\sigma}'(\vec{k}) \mathrm{e}^{i(\vec{k}\cdot\vec{x} - \omega t)}\right] + \\ & \frac{1}{2}\iint \mathrm{d}^2 k_1 \iint \mathrm{d}^2 k_2 \left[\overset{\wedge\wedge}{\sigma}'(\vec{k}_1, \vec{k}_2) \mathrm{e}^{-i[(\vec{k}_1 + \vec{k}_2)\cdot\vec{x} - (\omega_1 + \omega_2)t]} + \right. \\ & \left. \overset{\vee\vee}{\sigma}'(\vec{k}_1, \vec{k}_2) \mathrm{e}^{i[(\vec{k}_1 + \vec{k}_2)\cdot\vec{x} - (\omega_1 + \omega_2)t]}\right] + \\ & \frac{1}{2}\iint \mathrm{d}^2 k_1 \iint \mathrm{d}^2 k_2 \left[\overset{\wedge\vee}{\sigma}'(\vec{k}_1, \vec{k}_2) \mathrm{e}^{-i[(\vec{k}_1 - \vec{k}_2)\cdot\vec{x} - (\omega_1 - \omega_2)t]} + \right. \\ & \left. \overset{\vee\wedge}{\sigma}'(\vec{k}_1, \vec{k}_2) \mathrm{e}^{i[(\vec{k}_1 - \vec{k}_2)\vec{x} - (\omega_1 - \omega_2)t]}\right]\end{aligned} \tag{3.31}$$

式中，∧∧ 和 ∨∨ 表示与波数 $\vec{k}_1$、$\vec{k}_2$ 有关的组合波数 $\vec{k}_1 + \vec{k}_2$、$-(\vec{k}_1 + \vec{k}_2)$ 的傅立叶变换和其共轭，∧∨ 和 ∨∧ 表示与波数 $\vec{k}_1$、$\vec{k}_2$ 有关的组合波数 $\vec{k}_1 - \vec{k}_2$、$-(\vec{k}_1 - \vec{k}_2)$ 的傅立叶变换和其共轭。

在雷达分辨单元内对上式进行平均，考虑到各波数间独立，则雷达分辨单元内倾斜调制的海面粗糙度平均为零，可得到：

$$\begin{aligned}\langle \sigma' \rangle &= \sigma'(\vec{s}=0)+\frac{1}{2}\iint d^2k_1\iint d^2k_2\left[\overset{\wedge\vee}{\sigma}{}'(\vec{k}_1,\vec{k}_2)+\overset{\vee\wedge}{\sigma}{}'(\vec{k}_1,\vec{k}_2)\right] \\ &= \sigma'(\vec{s}=0)+\langle \sigma'^2 \rangle\end{aligned} \tag{3.32}$$

对式(3.32)第二项的积分在海面斜率(s_p，s_n)的傅立叶变换和其共轭上进行泰勒级数展开到二阶，则可表示为：

$$\langle \sigma'^2 \rangle = \langle \sigma'^{pp} \rangle + \langle \sigma'^{nn} \rangle + \langle \sigma'^{pn} \rangle \tag{3.33}$$

其中，$\langle \sigma'^{pp} \rangle$、$\langle \sigma'^{nn} \rangle$、$\langle \sigma'^{pn} \rangle$分别代表雷达视向的海面坡度、方位向的海面坡度和视向方位向坡度的相关性共同对$\langle \sigma \rangle$的二阶贡献。

将$\langle \sigma'^{(pp)} \rangle$、$\langle \sigma'^{(nn)} \rangle$和$\langle \sigma'^{(pn)} \rangle$进一步分解得到(Romeiser and Alpers，1997)：

$$\langle \sigma'^{j} \rangle = \langle \sigma'^{j}_{gg} \rangle + \langle \sigma'^{j}_{tt} \rangle + \langle \sigma'^{j}_{hh} \rangle + \langle \sigma'^{j}_{gt} \rangle + \langle \sigma'^{j}_{gh} \rangle + \langle \sigma'^{j}_{th} \rangle \tag{3.34}$$

其中，$j=pp$，nn，pn。gg、tt、hh 分别代表纯几何调制、倾斜调制和水动力调制的二阶近似，gt、gh、ht 分别为纯几何调制、倾斜调制和水动力调制的一阶项的交叉项。这些二阶项代表了所有大于 Bragg 波波长的波(包括中波和长波)对小面元 Bragg 波的倾斜调制和水动力调制影响。而这些二阶项可以通过对二维海面微尺度波高谱的积分得到，其积分的波数最大值由 Bragg 波波长所决定。

3.3　SAR 遥感图像预处理

3.3.1　SAR 遥感图像斑点噪声的抑制

噪声是 SAR 遥感图像所固有的。对斑点噪声进行抑制的方法主要有两种：一种是成像过程中的多视处理，是以牺牲空间分辨率为代价的；另一种是在不损失空间分辨率的情况下，用滤波方法来抑制噪声。目前，SAR 遥感图像滤波方式有多种选择，如中值滤波、快速中值滤波、均值滤波、水平均值滤波、垂直均值滤波、最小方差滤波、Kalman 滤波、Lee 滤波、Kuan 滤波、加强的 Lee 滤波、加强的 Frost 滤波、Gamma

MAP 滤波等。根据对滤波器的构造，又可以将不同的滤波方式分为传统方法、模型方法、局域统计自适应方法、几何方法、分级滤波方法等。

对中值滤波、均值滤波及其衍生的一些滤波等传统方法而言，其优点是对噪声平滑有较明显的效果，缺点是平滑噪声的同时损失了边缘信息。对于边缘信息较少的海洋环境信号来说，这种方法比较有效。

而对类似于 Kalman 滤波和 Lee 滤波等模型方法，要首先假定静态的噪声模型(加性、乘性、信号独立)，然后采用相应的滤波器对图像进行处理(Alparone et al.，1996)，因为对噪声的静态假设往往不能与信号的实际情况相符，所以这样的滤波器有时效果并不好。

以局域的灰度直方图为基础来决定参与滤波的邻域点及其权值(Narasimha et al.，1995)的局域统计自适应滤波，如 Kuan 滤波、加强的 Lee 滤波和加强的 Frost 滤波等，主要利用遥感成像处理的视数来决定图像的噪声强度，能在平滑噪声的同时较有效地保持明显的边缘，而且能够通过参数控制来调整平滑效果和边缘保持效果之间的平衡。

以 Gamma MAP 滤波为代表的几何滤波方法是一种三维模型，即把图像的平面坐标加灰度值一起考虑。由于该方法对 SAR 遥感图像的边缘保持能力较好，主要适用于边缘信息提取的 SAR 遥感图像处理过程。

而分级滤波方法，主要利用了小滤波原理，将图像分为不同尺度信息的一系列图像，对代表低频成分的低分辨率图像进行滤噪处理，对代表高频成分的高分辨率图像进行适当的阈值处理以保持主要的边缘信息，然后再重建图像。该方法对 SAR 遥感图像噪声的抑制和边缘信息的保持效果都非常好，但该算法非常复杂。

3.3.2 SAR 遥感图像辐射定标

早期的 SAR 遥感图像信息提取主要依赖目视判读技术，即定性的遥感技术。但随着雷达遥感的快速发展，使这种定性的遥感技术远远不能满足应用的要求，其中 SAR 遥感图像的辐射定标是实现 SAR 对地定量观测的关键技术。

辐射定标可分为相对定标和绝对定标。在 SAR 遥感图像的每一行中，各像元所对应的载体与地物之间的距离、雷达入射角和天线方向图等参数不同，而这些因素对像元的灰度值是有影响的，所以必须消除上述因素对整幅图像的影响，将整幅图像定标于一个指定的尺度上，这是相对定标。绝对定标则是将 SAR 遥感图像的灰度值转化为标准化雷达海面后向散射截面（σ^0），从而定量地反映地物对雷达入射波的散射情况，并使不同时相、不同 SAR 传感器、不同处理系统的产品之间具有可比性。

要对 SAR 遥感图像的各个像元进行辐射定标，必须知道 SAR 遥感成像的几何关系。图 3.7 显示了 SAR 遥感成像的几何关系。

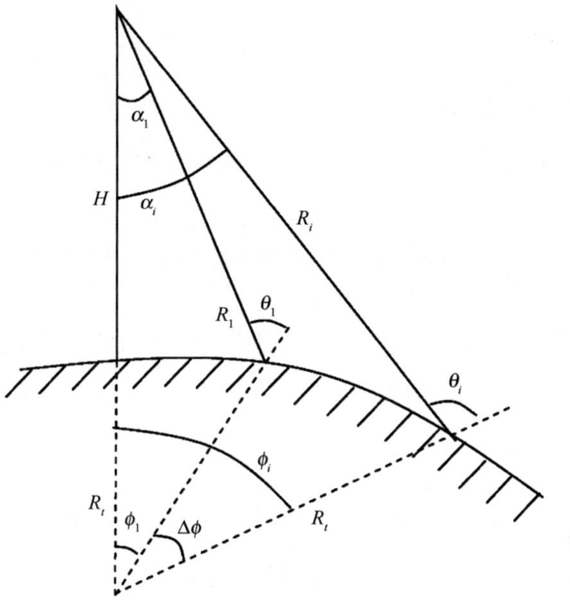

图 3.7　SAR 遥感成像几何关系

根据 SAR 遥感图像数据附带的地理信息和系统处理信息，可以获得图像中心纬度 ϑ、近距点零多普勒距离时间 T_1、近距点入射角 θ_1 和天线方向图的多项式系数等辐射定标所需的参数。使用上述参数，可以计算地球半径 R_1、SAR 卫星距地面高度 H、近距点波束高度角 α_1、近距点波束球心角 ϕ_1、像元斜距 R_i，像元波束高度角 α_i，最后计算得到像元局地入射角 θ_i。

$$\theta_i = \sin^{-1}\left(\frac{cT_1/2 + H}{cT_1/2}\sin\phi_i\right) \tag{3.35}$$

对于目前使用的 SAR 遥感图像，SAR 数据产品是像元有效灰度值 DN_{ij}，辐射定标

常数为 K，距离向和方位向像元点用 i 和 j 表示，不同类型的雷达遥感图像的辐射校正公式有所差别。

3.3.3 SAR 遥感图像几何校正

由于海上控制点少，实现高精度要求的几何精校正难度很大。卫星 SAR 海洋遥感图像可以采用卫星轨道参数或 SAR 遥感图像自带的少量控制点进行几何校正。校正方法可以采用传统的多项式校正、改进的多项式校正或共线方程法(詹森，2007)。

3.3.3.1 几何校正方法

1)传统的多项式方程校正

最常用的遥感图像几何校正方法是多项式校正法，其原理简单直观，基本思想是回避成像的空间几何过程，而直接对图像变形的本身进行数学模拟。它认为遥感图像的总体变形可以看作是平移、缩放、旋转、偏扭以及更高次的基本变形综合作用结果，因而校正前后图像相应点之间坐标关系可以用一个适当的多项式来表达。这种方法对各种类型传感器的校正都普遍适用。

2)改进的多项式校正

单纯的多项式校正方法对平坦地区的校正效果较好，但对于丘陵地和山地校正精度稍差，因为在多项式校正中没有考虑高程的影响，所以在多项式校正前先作投影差改正，然后再用多项式校正，将有利于提高校正精度。

3)共线方程校正法

共线方程校正法是建立在对传感器成像时的位置和姿态进行模拟和解算的基础上，即成像瞬间的像点与其相应地面点应位于传感器投影中心的一条直线上。共线方程的参数可以根据最小二乘法原理求解，进而可求得各像点的改正数，以达到校正的目的。该方法理论上严密，同时考虑到地面高程的图像，因而校正精度较高，特别对于地形起伏较大的地区图像校正，更显示其优越性。

3.3.3.2　几何校正中的图像重采样与内插方法

1) 图像重采样

在图像几何校正中，需要对原始输入图像进行重采样，以便得到消除了几何畸变的图像。重采样的方法有直接法和间接法。

直接法校正，就是从原始图像上的像点坐标出发，按照一定的公式求出校正后的图像上的像点坐标，然后将原始图像上像点处的灰度值赋给校正后的图像上的像点处。间接法校正，是从校正后的图像上的像点坐标出发，按照一定的公式求出原始图像上的像点坐标，然后将原始图像上像点处的灰度值赋给校正后的图像上的像点处。

对于直接校正，可以逐点计算原始图像上每个像元在校正后图像上每个像元的坐标，但是由于该坐标可能不是整数，所以校正后图像上某些像元点的灰度值要通过内插的方法获得。同样对于间接法校正，可以逐点计算校正后图像上的像元点在原始图像上的坐标点，该坐标也可能不是整数，所以也必须通过内插的方法求得原始图像上该位置的灰度值。

2) 内插方法

所谓内插方法是利用像元周围多个像元点的灰度值求得该像元灰度值的过程。常用的内插方法有双线性内插法和三次卷积法两种方法。双线性内插法使用一个分段线性函数来近似表示周围像元点的灰度值对内插点灰度值的贡献大小。该方法的插值精度与运算量都比较适中。三次卷积法使用三次样条函数，重采样时需要该像元周围的 16 个像元点参加运算。利用三次卷积法重采样的误差约为双线性内插法的 1/3，但计算量明显增大。

参 考 文 献

范开国，顾艳镇，陈春涛，等. 2015. 希尔伯特－黄变换在遥感图像中的实例研究与应用展望. 海洋技术学报，34(4)：53－58.

郭华东. 2000. 雷达对地观测理论与应用. 北京：科学出版社.

金亚秋. 1993. 电磁散射和热辐射的遥感理论. 北京：科学出版社.

朗. 1983. 陆地和海洋的雷达反射特性(中译本). 北京: 国防工业出版社.

刘玉光. 2009. 卫星海洋学. 北京: 科学出版社.

罗滨逊. 1989. 卫星海洋学(中译本). 北京: 海洋出版社.

杨劲松. 2005. 合成孔径雷达海面风场、海浪和内波遥感技术. 北京: 海洋出版社.

杨士中. 1981. 合成孔径雷达. 北京: 国防工业出版社.

詹森. 2007. 遥感数字影像处理导论(中译本). 北京: 科学出版社.

Alparone L, S Baronti, R Carla, et al. 1996. An adaptive order – statistics filter for SARimages. International Journal of Remote Sensing, 17(7): 1 357 – 1 365.

Apel J R. 1987. Principles of Ocean Physics. Academic Press.

Apel J R. 1994. An improved model of the ocean surface wave vector spectrum and its effects on radar backscatter. Journal of Geophysical Research, 99: 16 269 – 16 291.

Barnett T, F Kelly, B Holt. 1989. Estimation of the two dimensional ocean current shear field with a synthetic aperture radar. Journal of Geophysical Research, 94: 16 087 – 16 096.

Barrick D E. 1972. First – order theory and analysis of MF/HF/UHF scatter from the sea. IEEE Transactions on Antennas and Propagation, AP – 20: 2 – 10.

Beal R C, D G Tilley, F M Monaldo. 1983. Large – and small – scale spatial evolution of digitally processed ocean wave spectra from Seasat synthetic aperture radar. Journal of Geophysical Research, 88 (C3): 1 761 – 1 778.

Caponoi E A, Crawford D R, Yuen H C. 1988. Modulation of radar backscatter for the ocean by a variable surface current. Journal of Geophysical Research, 93(C10): 12 249 – 12 263.

Chapron B. 2002. Ocean geophysical results from ASAR. Envisat Validation Workshop. ESRIN. Frascati. Italy. 9 – 13.

Clemente – Colón P, X H Yan. 2000. Low backscatter features in SAR imagery. Johns Hopkins APL Technical Digest, 21(1): 116 – 121.

Cox C, W Munk. 1954. Statistics of the sea surface derived from sun glitter. Journal of Marine Research, 13: 198 – 225.

Digranes G, H Espedal, O M Johannessen, et al. 1994. SAR ocean feature catalogue. European Space Agency Publications ESA SP – 1174, 106.

Donelan M A, W J Pierson. 1987. Radar scattering and equilibrium ranges in wind – generated waves with application to scatterometry. Journal of Geophysical Research, 92: 4 971 – 5 029.

Durden S L, J F Vesecky. 1989. On the ability of rough surface scattering approximations to predict hydrodynamics modulation of the ocean radar cross section: A numerical study. Journal of Geophysical Research, 94: 12 703 – 12 708.

Elfouhaily T, D R Thompson, D Vandemark, et al. 1999. A new bistatic model for electromagnetic scattering from perfectly conducting random surfaces. Waves Random Media, 9: 281 – 294.

Holiday D G, St – Cyr, N E Woods. 1986. A radar ocean imaging model for small to moderate incidence angles. International Journal of Remote Sensing, 7: 1 809 – 1 834.

Holiday D G, St – Cyr, N E Woods. 1987. Comparison of a new ocean imaging model with SARSEX internal wave image data. International Journal of Remote Sensing, 8: 1 423 – 1 430.

Holiday P E, E Pelinovsky, T Talipova. 1999. Generalized Korteweg – de Vries model of in internal transformation in the coastal zone. Journal of Geophysical Research, 104 (C8): 18 333 – 18 350.

Holt B. 2004. SAR imaging of the ocean surface. In: Synthetic Aperture Radar Marine User's Manual. Christopher R J and J R Apel, eds. Washington DC: U. S. Department of Commerce.

Jordan A K, R H Lang. 1979. Electromagnetic scattering patterns from sinusoidal surfaces. Radio Science, 14 (6): 1 077 – 1 088.

Kudryavtsev V, D Akimov, J Johannessen, et al. 2005. On radar imaging of current features: 1. model and comparison with observation. Journal of Geophysical Research, C07016.

Kudryavtsev V, D Hauser, G Caudal, et al. 2003. Semi – empirical model of the normalized radar cross section of the sea surface: 1. Backscattering model. Journal of Geophysical Research, 108 (C3): 8 054 – 8 055.

Lyzenga D R. 1991. Interaction of short surface and electromagnetic waves with ocean fronts. Journal of Geophysical Research, 96: 10 765 – 10 772.

Lyzenga D R, J R Bennett. 1988. Full – spectrum modeling of synthetic aperture radar internal wave signature. Journal of Geophysical Research, 93 (C10): 12 345 – 12 354.

Narasimha V P, R Vidyadhar, M Rao, et al. 1995. An adaptive filter for speckle suppression in synthetic aperture radar images. International Journal of Remote Sensing, 16 (5): 977 – 989.

Nilsson C S, P C Tildesley. 1995. Imaging of oceanic features by ERS – 1 synthetic aperture radar. Journal of Geophysical Research, 100: 953 – 967.

Nilsson C S, P C Tildesley. 1995. Imaging of oceanic features by ERS－1 synthetic aperture radar. Journal of Geophysical Research, 100: 953－967.

Onstott R G, R A Shuchman. 2004. SAR measurement of sea ice. In: Synthetic Aperture Radar Marine User's Manual. Christopher R J and J R Apel, eds. Washington DC: U. S. Department of Commerce, 139－170.

Plant W J. 1986. A two－scale model of short wind－generated waves and scatterometry. Journal of Geophysical Research, 91 (C9): 10 735－10 749.

Rice S O. 1951. Reflection of electromagnetic waves from slightly rough surfaces. Communications on Pure and Applied Mathematics, 4: 351－378.

Robinson I S. 1985. Satellite Oceanography. Prentice Hall Europe.

Romeiser R, A Schmidt, W Alpers. 1994. A three－scale composite surface model for the ocean wave－radar modulation transfer function. Journal of Geophysical Research, 99 (C5): 9 785－9 802.

Romeiser R, S Ufermann, S Stolte. 1999. Energy transfer between hydrodynamically modulated long and short ocean waves by interaction with the wind field. Proceedings of IGARSS'99, 965－967.

Romeiser R, W Alpers, V Wismann. 1997. An improved composite surface model for the radar backscattering cross section of the ocean surface: 1. Theory of the model and optimization/validation by scatterometer data. Journal of Geophysical Research, 102 (C11): 25 237－25 250.

Romeiser R, W Alpers. 1993. An improved theory for the radar imaging of underwater bottom topography based on a three－scale model. Proceedings of the IEEE Geoscience and Remote Sensing Symposium (Proceedings of IGARSS'93), 361－363.

Romeiser R, W Alpers. 1997. An improved composite surface model for the radar backscattering cross section of the ocean surface: 2. Model response to surface roughness variations and the radar imaging of underwater bottom topography. Journal of Geophysical Research, 102 (C11): 25 238－25 267.

Romeiser R. 2005. User's M4S Manual.

Stewart R H. 1985. Methods of Satellite Oceanography. University of California Press.

Ulaby F T, R K Moore, A K Fung. 1982. Microwave Remote Sensing, Active and Passive, Vol I: Microwave Remote Sensing Fundamentals and Radiometry. Addison－Wesley, Reading, MA, 1－456.

Valenzuela G R. 1978. Theories for the interaction of electromagnetic and ocean waves－A review. Boundary－Layer Meteorology, 13: 61－85.

Wright J W. 1966. Backscattering from capillary waves with application to sea clutter. IEEE Transactions on Antennas and Propagation, AP－14(3): 749－754.

Wright J W. 1968. A new model for sea clutter. IEEE Transaction on Antennas and Propagation. AP－16(2): 217－223.

Wu J. 1994. Altimeter wind and wind－stress algorithms－further refinement and validation. Journal of Atmospheric and Oceanic Technology, 11: 210－215.

Yuan Y L. 1997. Representation of high frequency spectra of ocean waves and the basis for analyzing SAR images. Oceanologia et Limnologia Sinica, 28(suppl): 1－5.

Yuan Y L, V Klemas, X H Yan. 2001. Theoretical expression for an ocean internal soliton synthetic aperture radar image and determination of the soliton characteristic half width. Journal of Geophysical Research, 106(C12): 31 415－31 423.

第4章

海面风场

海面风场(风矢量)是研究海洋环境的重要参数，是物理海洋和海洋气象学中最基本、最重要的要素之一。在海洋动力过程中，海面风场是形成海浪和风致海平面变化的直接动力，对于区域和全球海洋环流来说，也是关键性的动力。对海面风场的研究在一定程度上影响着人们对海浪、海流以及风暴潮等海洋现象的认识。在海洋气象学中，海面风场又是行星边界层的下层边界条件之一，通过海面风场的变化，以及大气和海洋的耦合过程，海洋与大气之间相互影响、相互作用。

海面风场在许多方面都有重要的实际应用价值。例如，海面风场信息可以被同化进海洋-大气耦合数值模型，提高数值模型预报精度，这对于研究台风等具有破坏性的极端海况过程尤其重要。同时，海面风场还能用来研究海浪尤其是灾害性巨浪。

传统的海面风场测量方法采用岸基观测站、船只和浮标等，测量范围小、测点少，而且易受到天气条件的限制。随着遥感技术的发展，人们越来越注重利用机载或星载的各种传感器对海面风场进行测量。星载微波散射计是迄今为止最主要的遥感测量全球海面风场的传感器，其风速、风向测量精度分别达到 ±2 m/s 和 ±20°，这些测量数据已广泛地应用于海面风场、海浪场、天气预报以及海洋和大气研究等领域。

但是，微波散射计空间分辨率通常为 12.5 ~25 km，不能满足某些需要高分辨率风场数据的应用需求，尤其不能满足近岸海区的观测要求。在近海(包括海湾、海峡、河口等)、岛屿、冰缘附近海域，风场梯度较大的海域(包括温度锋面、风锋面、飓风、降雨区等)，以及风场在数百米至数千米的空间尺度内变化较大的海域，空间分辨率相对较低的散射计不再适用(范开国等，2009)。与星载散射计相比，星载 SAR 海面风速和风向的测量精度分别高于 1.8 m/s(2 ~20 m/s 海面风速范围内)和 20°，同时具有较高的空间分辨率，可以准确提供具有数米至数十米的高空间分辨率海面风场信息，有效弥补散射计测风的不足(图 4.1)，从而能够揭示大范围海面风场的细微结构信息。

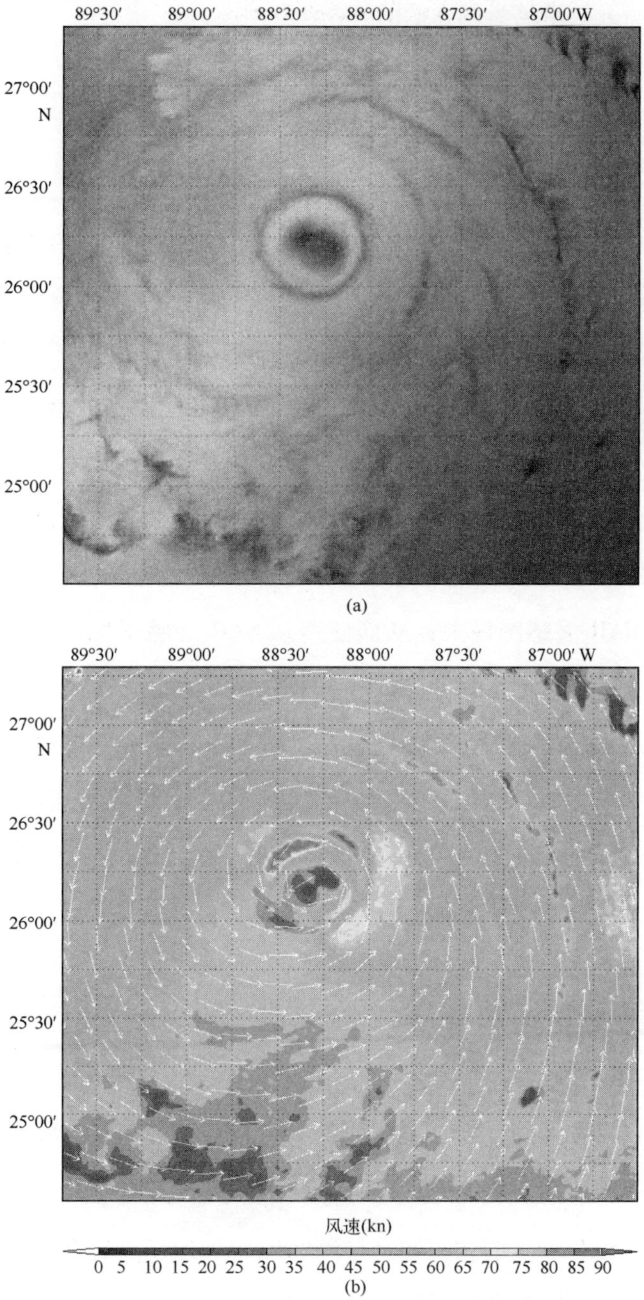

图 4.1 2005 年 8 月 28 日 15:52 UTC 获得的墨西哥湾飓风 Katrina 的 Radarsat－1 SAR 遥感图像(a)和 SAR 反演的飓风风场(b)

注：相对于中等风速条件下 SAR 海面风速反演，高风速条件下 SAR 风速反演的精度还有待于提高，但是从 SAR 遥感图像，我们可以清晰地看到飓风的结构特征，例如台风眼、降雨带等。

同时，根据大范围、高空间分辨 SAR 海面风场信息，可对海面风应力、阻力系数、空气动力学粗糙长度、风驱海流运动规律等海洋和大气动力特征进行细致分析。因此，SAR 海面风场探测研究越来越受到人们的关注。

4.1 SAR 海面风场探测机理

在风速极低时，海面是光滑的，几乎像镜子一样平静。在这种条件下，侧视雷达发射的电磁波主要被海面反射，回波信号十分微弱。随着海面风速的增加，海面风通过风应力对海面的作用产生风生海表面微尺度波。在中等入射角(15°~70°)条件下，海面的微波散射为 Bragg 散射(Valenzuela，1978；Holt，2004)。而由 Bragg 散射定理可知，风致海面微尺度波是产生雷达后向散射的主要散射体。受局地风场影响的海面微尺度波的分布改变了海面粗糙度，进而改变了海面雷达后向散射截面。一般地，海面雷达后向散射随海面风速的增加而增强，且风向不同散射强度也不同。于是，海面风场的信息被以灰度值形式记录在 SAR 遥感图像上，从而使得从 SAR 遥感图像反演海面风场信息成为可能。

当雷达视向与海面风向一致时，雷达回波信号最强，但逆风向和顺风向存在微小的不对称性。当风朝向雷达吹(逆风向)时，回波信号较强；当风背向雷达吹(顺风向)时，回波信号较弱。这种雷达回波信号随风速和风向的变化，奠定了 SAR 探测海面风场的基础。

4.2 SAR 海面风场探测方法

Jones 等(1981)和 Weissman 等(1979)较早进行了 SAR 海面风场探测研究，结果表明，L 波段的 SEASAT SAR 遥感图像强度与 SEASAT 散射计海面风速之间存在关系。此后，Gerling(1986)对 SEASAT SAR 遥感图像上与海面风向一致、具有数千米量级的线性条纹状特征进行了描述，并利用二维快速傅里叶变换(2D - FFT)方法，从 SAR 遥感图像估算了具有 180°模糊的海面风向信息。之后，随着不同波段、不同极化方式 SAR 卫星的发射，SAR 海面风场探测方法得到迅速发展。

4.2.1 海面风速反演

SAR 是主动微波遥感仪器，通过发射微波波束、接收来自海面的后向散射能量获取海面信息。如前所述，利用海面风场与海面雷达后向散射截面之间的关系计算海面风速，这是 SAR 遥感图像反演海面风速的主要方法(Vachon and Dobson，1996；Korabakken et al.，1998)。目前，SAR 海面风速反演方法可分为两类：第一类是基于散射计测量方法的海面风速反演经验模型；第二类是基于海面后向散射机制的理论模型。

第一类海面风速反演的经验模型方法，主要通过地球物理模型函数(Geophysical Model Function，GMF)，将 SAR 观测的标准化雷达后向散射截面(NRCS)σ^0[dB]与海面风速、风向和雷达入射角、方位角、频率及极化方式等雷达参数联系起来(图 4.2)。在雷达后向散射截面、海面风向和雷达参数已知的情形下，可以利用 GMF 反演海面风速(Stoffelen and Anderson，1997；Quilfen et al.，1998；Hersbach，2003；Shimada et al.，2003)。

第二类理论模型方法，主要建立在海面微尺度波模型和雷达海面后向散射模型的基础上，一旦微尺度波波谱被确定，利用一定的后向散射模型就可以得到 σ^0 与海面风速、风向、海面斜率等海面微尺度波参数和海水相对介电常数等海水性质参数，以及雷达入射角、频率和极化方式等雷达参数等的定量关系，根据这些定量关系可以反演海面风速(Xu et al.，2010)。

上述两类方法是针对中性稳定的海－气界面建立的。由于海－气界面在由中性稳定到不稳定的变化过程中，后向散射截面的变化极其微小，因此，这些方法也适用于海－气界面不稳定的情形(Alpers et al.，1994；范开国等，2012)。

除上述 SAR 海面风速反演的主要方法外，还有其他一些方法也可以从 SAR 遥感图像上提取海面风速信息。例如，根据 SAR 遥感图像的方位向模糊原理，利用海面风速与截断波长之间的关系计算海面风速。此外，利用神经网络方法(Neutral Network，NN)、最优化方法等也可从 SAR 遥感图像中估算海面风速。

4.2.1.1 经验模型

利用经验模型从 SAR 遥感图像反演海面风速，是目前应用最为广泛的方法。这些经验模型最初是用于散射计海面风速的反演，后来被引入 SAR 海面风速反演。

在经验模型中，由 SAR 数据得到的标准化后向散射截面 σ^0 与海面风速、风向和雷达参数(雷达入射角、方位角、频率和极化方式)的关系通过地球物理模型函数 GMF 联系起来，一般具有如下统一形式(Lin et al. , 2008)：

$$\sigma^0 = B_0(U_{10},\theta)\left[1 + B_1(U_{10},\theta)\cos\varphi + B_2(U_{10},\theta)\cos2\varphi\right]^C \tag{4.1}$$

$$\sigma^0[\mathrm{dB}] = 10\log_{10}\sigma^0 \tag{4.2}$$

式中，σ^0 和 $\sigma^0[\mathrm{dB}]$分别为无量纲的和以 dB 单位表达的标准化后向散射截面；U_{10}是中性大气层结条件下海面上空 10 m 高度处的风速；θ 是雷达入射角；φ 是相对风向(以下简称风向)，即真实海面风向(以下称海面风向)与雷达视向之间的夹角，$\varphi=0^\circ$或$\varphi=360^\circ$为逆风(风朝向雷达吹)，$\varphi=180^\circ$为顺风(风背向雷达吹)，$\varphi=90^\circ$或$\varphi=270^\circ$为侧风(风侧向雷达吹)；B_0、B_1、B_2 和 C 是系数，其取值依赖于海面风速 U_{10}、入射角 θ、雷达频率和极化方式，可根据现场测量值或散射计数据确定。如果已知标准化雷达后向散射截面 σ^0、风向 φ 以及雷达入射角 θ 等雷达参数，则可以根据式(4.1)从 SAR 数据中反演风速。

图 4.2 概括了利用经验模型从 SAR 遥感图像提取海面风速的流程。第一步，首先对 SAR 遥感图像做预处理，包括几何校正、滤波抑噪、辐射定标等。其中，对 SAR 遥感图像进行辐射定标是进行海面风速信息提取的关键，经过辐射定标，可以得到海面标准化雷达后向散射截面 σ^0的分布。第二步，确定海面风向。海面风向的确定通常有两种方法：一种是根据 SAR 遥感图像上的风条纹特征提取海面风向(将在 4.3 节进行介绍)；另一种则是参考数值模型的计算结果、已有的现场测量数据或者散射计数据(范开国等，2010)。第三步，将前两步获得的 σ^0、海面风向和雷达参数代入到地球物理模型函数 GMF 中反演

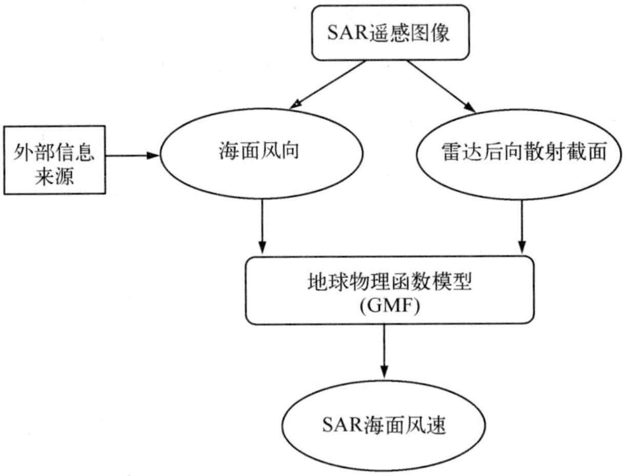

图 4.2　利用经验模型从 SAR 遥感图像反演海面风速流程图

得到海面风速。

对VV极化方式的SAR遥感图像，国际上存在几种比较成熟的SAR风速反演经验模型(Stoffelen and Anderson，1997；Quilfen et al.，1998；Hersbach，2003；Shimada et al.，2003)。这些模型分别对应不同的形式，其主要差别在于地球物理模型函数中的系数取值不同。而对于HH极化方式的SAR遥感图像，尚未有直接的经验模型，普遍的方法是先利用极化比函数将后向散射截面转换为对应VV极化方式下的后向散射截面值，然后再利用针对VV极化方式的经验模型反演海面风速(Thompson et al.，1998)。

1)VV极化

对于工作在C波段、VV极化方式的SAR遥感图像，最常用的GMF是CMOD4(Stoffelen and Anderson，1997)、CMOD5(Hersbach，2003)、CMOD_ IFR2(Quilfen et al.，1998)、CMOD5. N(Hersbach，2010)和CMOD7(Stoffelen et al.，2017)模型。其中，CMOD4模型是欧洲中长期天气预报中心(European Centre for Medium - Range Weather Forecasts，ECMWF)基于ERS - 1卫星上的散射计数据和ECMWF天气预报数值模型的计算结果之间存在的关系提出的经验公式，CMOD_ IFR2模型是法国海洋开发研究所(French Research Institute for Exploitation of the Sea，IFEMER)基于实测海面风场数据(尤其是NOAA浮标数据)和ECMWF数值模拟结果发展起来的经验模型。CMOD5模型则是在CMOD4模型的基础上发展起来的，CMOD5通过对CMOD4模型的改进，在一定程度上解决了CMOD4模型反演海面风速存在的偏差问题。CMOD5. N的函数内容没有改变CMOD5的内部算法公式，只是对其中包含的可调系数进行修改。CMOD7是系列GMF最新模型，但目前仅应用于C波段散射计风场处理，尚未应用于SAR海面风场探测。Alpers和Brummer(1994)在用ERS - 1 SAR遥感图像对海洋大气边界层进行对流涡旋研究时，首次将CMOD4模式用于SAR海面风速反演。此后，上述SAR海面风速反演经验模型进一步得到改进，并被不同学者应用于不同海区的海面风速反演，并取得了较好的效果(Vachon and Dobson，1996；Fetterer et al.，1998；Lehner et al.，1998；Furevik and Korsbakken，2000；杨劲松等，2001；Horstmann et al.，2004，2005；Xu et al.，2008，2018；Yang et al.，2011；Li et al.，2016)。

Lehner等(2007)将C波段经验模型延伸至X波段，发展了X波段SAR海面风速反演模型 - XMOD，并将该模型应用于SIR - C/X SAR海面风速反演。对于工作在L波段、VV极化方式下的SAR遥感图像，Shimada等(2003)及Isoguchi和Shimada(2009)

则分别发展了不同的 L 波段经验模型，并成功应用于 L 波段 JERS－1 SAR 和 ALOS PALSAR 海面风速反演。

上述经验模型各有优缺点，由于海面状况及其散射特性的复杂性，目前尚无一种模式能完美反映 σ^0 与海面风速和风向等参数之间的关系，但这并不妨碍其中一些模型被用作 SAR 海面风速反演的业务化应用，其中 CMOD4 模型和 CMOD5 模型就是其中最具代表性的两个模型。

(1)CMOD4 模型

CMOD4 模型具有如下具体形式(Stoffelen and Anderson，1997)

$$\sigma_{VV}^0 = B_0 (1 + B_1 \cos\varphi + B_2 \cos 2\varphi)^{1.6} \tag{4.3}$$

式中，

$$B_0 = b_r \times 10^{\alpha + \gamma f_1 (U_{10} + \beta)} \tag{4.4}$$

$$B_1 = b_1 \tag{4.5}$$

$$B_2 = b_3 \tanh b_2 \tag{4.6}$$

$$f_1(y) = \begin{cases} -10 & y \leqslant 10^{-10} \\ \log y & 10^{-10} < y \leqslant 5 \\ \sqrt{y}/3.2 & y > 5 \end{cases} \tag{4.7}$$

b_r 是修正因子，为入射角 θ 的函数，其值由查找表给出(表 4.1)；α、β、γ、b_1、b_2 和 b_3 可展开为包括 18 个系数的 Legendre 多项式，具体表示如下：

$$\begin{aligned} \alpha &= c_1 P_0 + c_2 P_1 + c_3 P_2 \\ \gamma &= c_4 P_0 + c_5 P_1 + c_6 P_2 \\ \beta &= c_7 P_0 + c_8 P_1 + c_9 P_2 \\ b_1 &= c_{10} P_0 + c_{11} U_{10} + (c_{12} P_0 + c_{13} U_{10}) f_2(x) \\ b_2 &= c_{14} P_0 + c_{15} (1 + P_1) U_{10} \\ b_3 &= 0.42[1 + c_{16}(c_{17} + x)(c_{18} + U_{10})] \\ f_2(x) &= \mathrm{tang}[2.5(x + 0.35)] - 0.61(x + 0.35) \end{aligned} \tag{4.8}$$

式中，Legendre 多项式为

$$P_0 = 1, P_1 = x, P_2 = (3x^2 - 1)/2 \tag{4.9}$$

其中参数

$$x = (\theta - 40)/25 \tag{4.10}$$

系数 $c_1 \sim c_{18}$ 由表 4.2 给出。

表 4.1 修正因子 b_r 的查找表

$\theta(°)$	b_r	$\theta(°)$	b_r	$\theta(°)$	b_r
16	1.075	31	0.927	46	1.054
17	1.075	32	0.923	47	1.053
18	1.075	33	0.930	48	1.052
19	1.072	34	0.937	49	1.047
20	1.069	35	0.944	50	1.038
21	1.066	36	0.955	51	1.028
22	1.056	37	0.967	52	1.056
23	1.030	38	0.978	53	1.002
24	1.004	39	0.988	54	0.989
25	0.979	40	0.998	55	0.965
26	0.967	41	1.009	56	0.941
27	0.958	42	1.021	57	0.929
28	0.949	43	1.033	58	0.929
29	0.941	44	1.042	59	0.929
30	0.934	45	1.050	60	0.929

表 4.2 CMOD4 模型中的系数 $c_1 \sim c_{18}$

	系数	值		系数	值
α	c_1	−2.301 523	b_1	c_{10}	0.014 430
	c_2	−1.632 686		c_{11}	0.002 484
	c_3	0.761 210		c_{12}	0.074 450
γ	c_4	1.156 619		c_{13}	0.004 023
	c_5	0.595 955	b_2	c_{14}	0.148 810
	c_6	−0.293 819		c_{15}	0.089 286
β	c_7	−1.015 244	b_3	c_{16}	−0.006 667
	c_8	0.342 175		c_{17}	3.000 000
	c_9	−0.500 786		c_{18}	−10.000 000

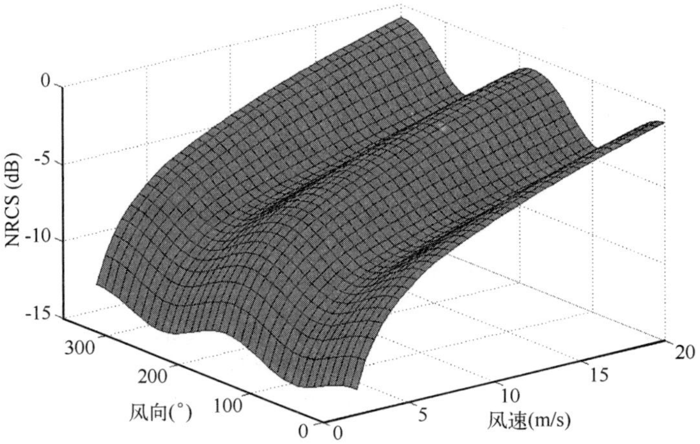

图 4.3　入射角为 25°时，CMOD4 模型中 σ^0 随风速和风向的变化图

图 4.3 显示了入射角为 25°时，CMOD4 模型中标准化雷达后向散射截面 σ^0 随海面风速 U_{10} 和风向 φ 的变化。从图中可以看出，σ^0 随风速的增加而增大，随风向的变化呈现出类似余弦函数曲线的变化规律。

①σ^0 与海面风速 U_{10} 的关系

图 4.4 给出了在入射角为 25°和不同风向条件下，由 CMOD4 模型计算得到的标准化雷达后向散射截面 σ^0 随风速 U_{10} 的变化情况。从图中可以看出，后向散射截面随风速

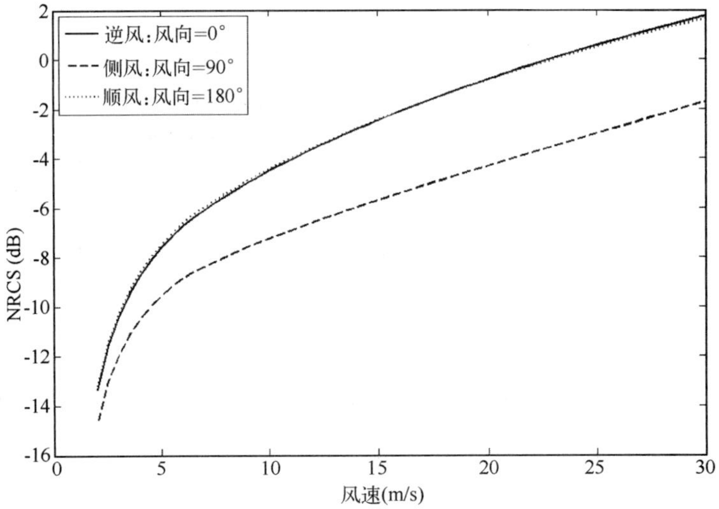

图 4.4　入射角为 25°时，不同风向条件下 CMOD4 模型标准化雷达后向散射截面随海面风速的变化图

的增加逐渐增大，因为风速越大，海面越粗糙，雷达后向散射也相应增强。

②σ^0与风向 φ 的关系

图4.5给出了在入射角为25°和不同风速条件下，由CMOD4模型计算得到的标准化雷达后向散射截面σ^0随风向φ的变化情况。从图中可以看出，σ^0随风向的变化较大，呈现出类似余弦函数曲线的变化规律，其极大值出现在逆风向和顺风向，极小值出现在侧风向，这表明侧风向的回波比逆风和顺风小很多。

此外，该图还显示，逆风向的极大值与顺风向的极大值并不相同，前者比后者大。这是由于海表面波前坡比后坡陡，逆风时雷达波数照射前坡，海面粗糙度相对较大，雷达后向散射较强，因而σ^0较大；顺风时雷达波数照射后坡，海面粗糙度相对较小，雷达后向散射较弱，因而σ^0较小。CMOD4模型正确反映了这一差别。

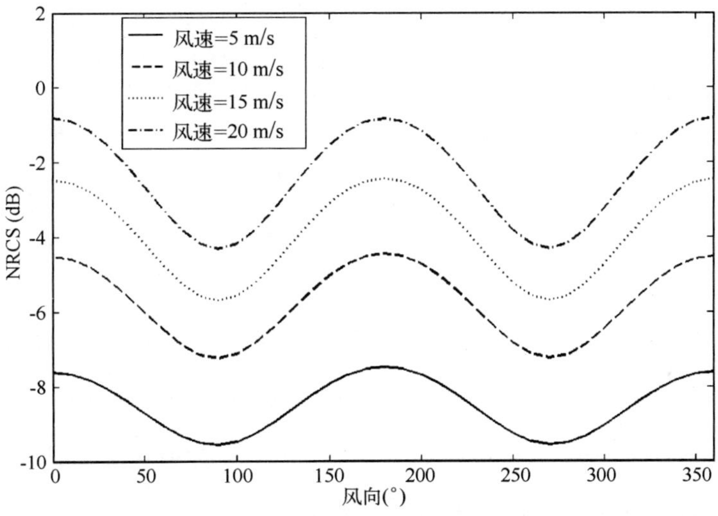

图4.5 入射角为25°时，不同风速条件下CMOD4模型标准化雷达后向散射截面随风向的变化关系图

图4.6分别给出了在风速为10 m/s，不同风向条件下，由CMOD4模型计算得到的标准化雷达后向散射截面σ^0随入射角θ的变化情况。从图中可以看出，除在较大入射角(60°～70°)处出现一些异常外，整体上σ^0随入射角的增加显著地减小。对于侧风情形，在15°～60°入射角范围内，σ^0减小幅度最大，有10余个dB的变化。对于逆风情形，σ^0减小幅度较小。由于图像灰度值与σ^0呈正相关，因此，SAR海洋遥感图像近距一侧灰度值比远距一侧要高。

此外，从该图还可以看出，在逆风和顺风情况下，σ^0的差距随入射角的变化不大，但在侧风情形，σ^0的差距随入射角的增加逐渐增大。

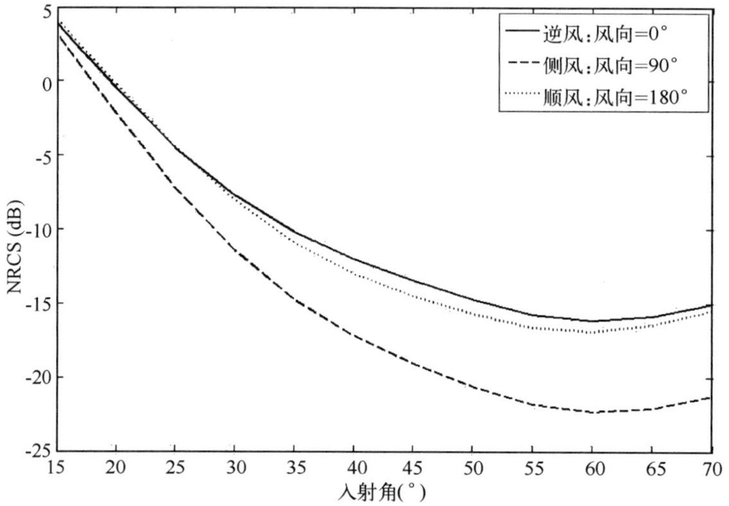

图 4.6　风速为 10 m/s 时，不同风向条件下 CMOD4 模型标准化雷达后向散射截面随入射角的变化图

(2)CMOD5 模型

CMOD4 经验模型主要是基于 ERS 卫星传感器参数建立的(Offiler，1994)，在这种情况下，其反演的海面风速会存在偏差。例如，Stoffelen(1998)指出，在低风速和中等风速范围内($U_{10}\leqslant 20$ m/s)，CMOD4 模型反演风速与浮标风速和 NCEP(Natational Center for Enviromental Prediction)数值模型模拟的风速之间存在偏差。在高风速范围内，CMOD4 模型过高估计了雷达后向散射截面，从而在利用 COMOD4 模型从 SAR 遥感图像反演海面风速时，会导致风速过低。Donnely 等(1999)和 Carswell 等(2000)的实验结果也表明，在高风速范围内($U_{10}>20$ m/s)，雷达后向散射截面对风速的变化不是很敏感。实际上，在入射角较小时，后向散射存在过饱和现象，即当 U_{10}大于 25 m/s，后向散射开始减小。因此，CMOD4 模型主要适用于低风速和中等风速条件下的 SAR 海面风速反演，该模型在高风速条件下不再适用。此外，Donnely 等(1999)和 Carswell 等(2000)的研究还表明，在强风速条件下，CMOD4 模型高估了逆风向和侧风向的后向散射截面及其在逆风向和顺风向的不对称性。

为了弥补CMOD4模型的缺陷，基于1998年8—10月ERS－2散射计测量的后向散射截面数据和同步的ECMWF海面风场数据，结合高风速条件下的海面风场观测数据，Hersbach(2003)在CMOD4模型的基础上发展了CMOD5模型，该模型中的后向散射截面形式与式(4.3)相同，但各参数的表达式有所不同(Hersbach，2003；Hersbach et al.，2005)：

$$B_0 = 10^{a_0+a_1v} f(a_2u_{10}, s_0)^{\gamma} \tag{4.11}$$

$$f(s,s_0) = \begin{cases} \left(\dfrac{s}{s_0}\right)^{\alpha} g(s_0) & s < s_0 \\ g(s) & s \geqslant s_0 \end{cases} \tag{4.12}$$

其中

$$S = a_2u_{10};\ g(s) = 1/[1+\exp(-s)];\ \alpha = x_0[1-g(s_0)] \tag{4.13}$$

a_0、a_1、a_2、γ和s_0仅是入射角的函数

$$\begin{aligned} a_0 &= c_1 + c_2x + c_3x^2 + c_4x^3 \\ a_1 &= c_5 + c_6x \\ a_2 &= c_7 + c_8x \end{aligned} \tag{4.14}$$

$$\begin{aligned} \gamma &= c_9 + c_{10} + c_{11}x^2 \\ s_0 &= c_{12} + c_{13}x \end{aligned} \tag{4.15}$$

B_1可由式(4.16)计算

$$B_1 = \frac{c_{14}(1+x) - c_{15}v[0.5 + x - \tanh(4a_3)]}{1+\exp[0.34(v-c_{18})]} \tag{4.16}$$

其中

$$a_3 = x + c_{16} + c_{17}u_{10} \tag{4.17}$$

B_2可由式(4.18)计算

$$B_2 = (-d_1 + d_2v_2)\exp(-v_2) \tag{4.18}$$

其中

$$v_2 = \begin{cases} a + b(y-1)^n & y < y_0 \\ y & y \geqslant y_0 \end{cases},\quad y = \frac{v+v_0}{v_0} \tag{4.19}$$

$$y_0 = c_{19}, n = c_{20}$$

$$a = \frac{y_0 - (y_0 - 1)}{n}, \ b = \frac{1}{n(y_0 - 1)^{n-1}} \tag{4.20}$$

v_0、d_1 和 d_2 仅是入射角的函数。

$$\begin{aligned} v_0 &= c_{21} + c_{22}x + c_{23}x^2 \\ d_1 &= c_{24} + c_{25}x + c_{26}x^2 \\ d_2 &= c_{27} + c_{28}x \end{aligned} \tag{4.21}$$

CMOD5 模型中的系数值由表 4.3 给出。

表 4.3　CMOD5 模型中的系数值

	系数	值		系数	值
a_0	c_1	0.688		c_{15}	0.007
	c_2	−0.793 1		c_{16}	0.33
	c_3	0.338		c_{17}	0.012
	c_4	−0.173		c_{18}	22.0
a_1	c_5	0.0	y_0	c_{19}	1.95
	c_6	0.004		c_{20}	3.0
a_2	c_7	0.111	v_0	c_{21}	8.39
	c_8	0.016 2		c_{22}	−3.44
γ	c_9	6.34		c_{23}	1.36
	c_{10}	2.57	d_1	c_{24}	5.35
	c_{11}	−2.18		c_{25}	1.99
	c_{12}	0.4		c_{26}	0.29
s_0	c_{13}	−0.6	d_2	c_{27}	3.80
b_1	c_{14}	0.045		c_{28}	1.53

图 4.7 给出了入射角为 25°和不同风向条件下，分别由 CMOD4 模型和 CMOD5 模型计算得到的标准化雷达后向散射截面 σ^0随风速 U_{10}的变化情况。从图中可以看出，在低风速和中等风速条件下，CMOD4 模型和 CMOD5 模型差别不大。但随着风速的增加，CMOD5 模型较好体现了高风速条件下后向散射的过饱和现象，CMOD4 模型却反映不出这种现象。

研究表明(Hersbach et al.，2005)，在全风速和全入射角范围内，CMOD5 模型很大

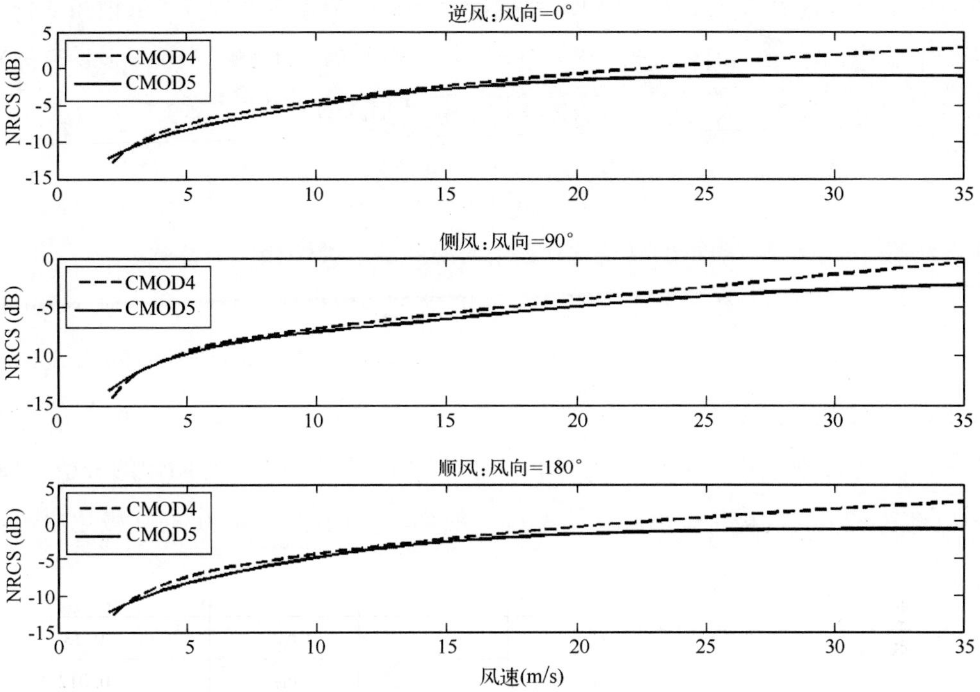

图 4.7　入射角为 25°时，不同风向条件下，由 CMOD4 模型和 CMOD5 模型计算的标准化雷达后向散射截面随海面风速的变化图

程度上减小了 CMOD4 模型反演海面风速时存在的风速偏差，这种改进在高风速条件下尤其显著。与 CMOD4 模型相比，CMOD5 模型反演风速的范围扩展至 35 m/s。

2）HH 极化

对于 HH 极化方式下的 SAR 遥感图像（例如 Radarsat－1 SAR），目前尚未有成熟的经验模型可以被用来反演海面风速。普遍的方法是，首先利用极化比函数 P_r 将后向散射截面转换为对应的 VV 极化方式下的值，然后再利用 VV 极化方式下的经验模型反演风速（Horstmann et al.，2000，2002；Monaldo，2000；Monaldo et al.，2001，2004；Thompson and Beal，2000）。

极化比函数 P_r 定义为

$$P_r = \frac{\sigma_{VV}^0}{\sigma_{HH}^0} \tag{4.22}$$

式中，σ_{VV}^0 和 σ_{HH}^0 分别是 VV 和 HH 极化方式下的标准化雷达后向散射截面。

Unal 等（1991）利用机载散射计测量了不同波段、不同入射角，海面风速 2～14 m/s

条件下极化比函数 P_r 的值。研究表明，极化比函数 P_r 的值主要依赖于入射角变化。当风速低于6 m/s 时，P_r 也随风速变化。基于 Unal 等(1991)的观测，Thompson 等(1998)提出了一个主要依赖于入射角变化的极化比函数经验模型：

$$Pr = \frac{(1+2\tan^2\theta)^2}{(1+\alpha\tan^2\theta)^2} \tag{4.23}$$

式中，P_r 是以线性单位表示的极化比；α 是与海面散射类型相关的常数。

若式(4.23)中的参数 $\alpha=0$，则为 Bragg 极化比函数模型；若 $\alpha=2$，则为 Kirchhoff 极化比函数模型。Vachon 和 Dobson(2000)将由 CMOD_ IFR2 模型反演的 Radarsat－1 SAR 海面风速与浮标风速对比，认为式(4.23)中 α 应取值为1，Horstmann 等(2000)也建议 $\alpha=1$。基于双极化(VV 极化和 HH 极化)ENVISAT ASAR 遥感图像的分析，He 等(2004)将 $\theta<30°$时的极化比函数表示为 $\tan\theta$ 的多项式函数，$\theta>30°$时，极化比函数仍采用式(4.23)的形式，其中参数 $\alpha=1$。

此外，还有一种常用的极化比函数经验模型，称为 Elfouhaily 模型：

$$P_r = \frac{(1+2\tan^2\theta)^2}{(1+2\sin^2\theta)^2} \tag{4.24}$$

与传统模型(4.23)相比，利用 Elfouhaily 模型计算的 HH 极化方式情况下的后向散射截面与利用 Ku 波段 SASS(SEASAT－A Satellite Scatterometer)观测资料推导的 SASS－2 模型更加吻合。

此外，Mouche 等(2005)基于 C 波段机载雷达 STORM 提出了随入射角呈指数变化的极化比函数模型，并利用 ENVISAT ASAR 遥感图像对该模型进行了验证：

$$P_r = A\exp(B\theta) + C \tag{4.25}$$

式中，$A=0.007\,997\,93$，$B=0.125\,465$，$C=0.997\,379$ 均是常系数。

图4.8给出了几种不同极化比函数模型中极化比函数值(以线性单位表示)随入射角的变化情况。从图中可以看出，几种极化比函数的值均大于1，且随入射角的增加而逐渐增大，这表明 VV 极化方式下的海面回波比 HH 极化方式下的回波强，且入射角越大，这种差距也越大。图4.8还显示，入射角较小时，不同极化比函数模型之间的差别不是很大，但随着入射角的增加，不同极化比函数模型之间的差别也逐渐增大，这种差别可能是由极化比对不同 SAR 数据自身存在的校正不确定性造成的。

3)交叉极化

Vachon 等(2011)选择美国东海岸为研究区，结合大量精细全极化模式 Radarsat－2

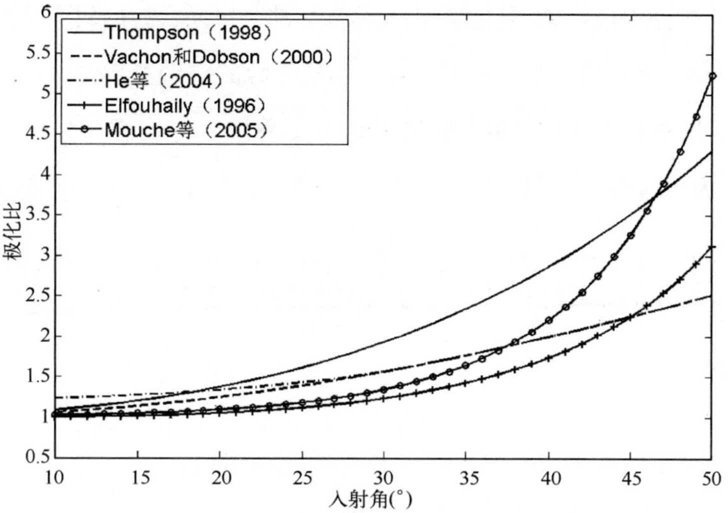

图 4.8　不同极化比函数值随入射角的变化图

SAR 遥感数据与实测风场数据，统计分析了交叉极化海面后向散射截面 $\sigma^0_{\text{cross-pol}}$ 与海面风速和相对风向的关系。结果表明，交叉极化海面后向散射截面随着风速的增加而增加，但其趋势没有大的变化，当风速固定时，交叉极化的雷达海面后向散射截面波动较小，基本不受海面风向和雷达入射角的影响。即 Radarsat－2 精细全极化模式的交叉极化雷达海面后向散射截面与海面风向和雷达入射角无关，仅与海面风速呈线性关系。基于以上分析，Vachon 等构建了一个 C 波段交叉极化雷达海面后向散射截面同海面风速之间的关系模型，称为 C 波段交叉极化海面后向散射模型(C－band Cross－Polarized Ocean Backscatter Model，C－2PO)：

$$\sigma^0_{\text{cross-pol}} = 0.592U_{10} - 35.6 \tag{4.26}$$

利用该模型，在不需要获取海面风向和雷达入射角等参数的情况下，可直接反演海面风速，可避免由风向带来的误差。

4.2.1.2　理论模型

SAR 海面风速经验模型的优势在于模型简单，只需了解风向与雷达参数即可从 SAR 遥感图像获取风速信息。但是，对于 HH 极化方式下的 SAR 遥感图像，由于在风速反演过程中需要引入极化比函数经验模型，而目前存在的极化比函数模型差别较大(图 4.8)，因此，极化比函数的引入可能会带来一定的 SAR 海面风速反演误差。

在这种情况下，基于海面微尺度波模型和雷达后向散射模型的理论模型可以发挥其优势，通过建立标准化雷达后向散射截面 σ^0 与海面风速、风向、海面斜率等海面微尺度波参数、海水相对介电常数等海水性质参数，以及雷达参数的定量关系，可直接从 HH 极化的 SAR 遥感图像反演海面风速。这些模型包括 Donelan – Pierson 模型、Apel 模型、VIERS – 1 模型和 Xu 模型等。这里，我们以 Xu 模型为例，对 SAR 海面风速反演的理论模型进行简要介绍。

研究表明，除 Bragg 散射外，来自海面的镜面反射也对雷达回波信号有所贡献，尤其是在入射角较小($\theta<30°$)的情形下。Xu 等(2010)同时考虑了海面的镜面反射和后向散射对雷达回波的贡献，发展了 C 波段 SAR 海面风速反演理论模型。模型中标准化雷达后向散射截面表示为(Wright，1968；Valenzuela，1978)：

$$\sigma^0 = \sigma^{0R} + \sigma^{0B} \tag{4.27}$$

式中，σ^{0R}和 σ^{0B}分别是镜面反射和 Bragg 散射引起的标准化雷达后向散射截面。

由镜面反射引起的标准化雷达后向散射截面 σ^{0R}为(Valenzuela，1978)：

$$\sigma^{0R} = \pi\sec^4\theta p(\zeta_x,\zeta_y)\ |R(0)|^2 \tag{4.28}$$

式中，$R(0)$是垂直入射($\theta=0°$)时的菲涅尔(Fresnel)反射系数；$p(\zeta_x,\zeta_y)$是海面斜率的概率密度函数，ζ 是波面高度，ζ_x 和 ζ_y 分别是 ζ 在逆风向和侧风向的斜率。模型中 $p(\zeta_x,\zeta_y)$的形式采用 Liu 等(1997)提出的表达式，该表达式将 $p(\zeta_x,\zeta_y)$与海面风速 U_{10} 联系起来。

基于 Bragg 散射的二尺度模型，由 Bragg 散射引起的 VV 极化和 HH 极化方式下的标准化雷达后向散射截面可由式(3.20)至式(3.23)计算。对于 C 波段 SAR 遥感图像，由于 C 波段微波波长接近于重力毛细波波长，因此，二尺度模型中波数谱采用重力毛细波谱形式。综合考虑风应力输入、粘性耗散、长波对骑在大波上的小波调制作用以及微波散射计海上现场测量数据，Liu 和 Yan(1995)提出了一个毛细重力波谱模型。此后，Liu 等(2003)对其做了改进(Liu et al.，1997，2000)。该谱模型中毛细重力波波数谱被表达为海面风速 U_{10}和风向 φ 的函数，被 Xu 等(2010)应用来计算由 Bragg 散射引起的雷达后向散射截面 σ^{0B}。

式(4.27)、式(4.28)和式(3.23)构成了 Xu 模型的基础。在风向已知的条件下，可以直接利用 C 波段 VV 极化或 HH 极化的 SAR 遥感图像反演海面风速。与 SAR 风速反演的经验模型相比，理论模型的主要不足在于模型中包含的模型参数较多。

图4.9给出了在VV极化方式和不同入射角条件下，由Xu理论模型与C波段经验模型计算的雷达后向散射截面随风向的变化。该图进一步说明了理论模型和经验模型之间的一致性。

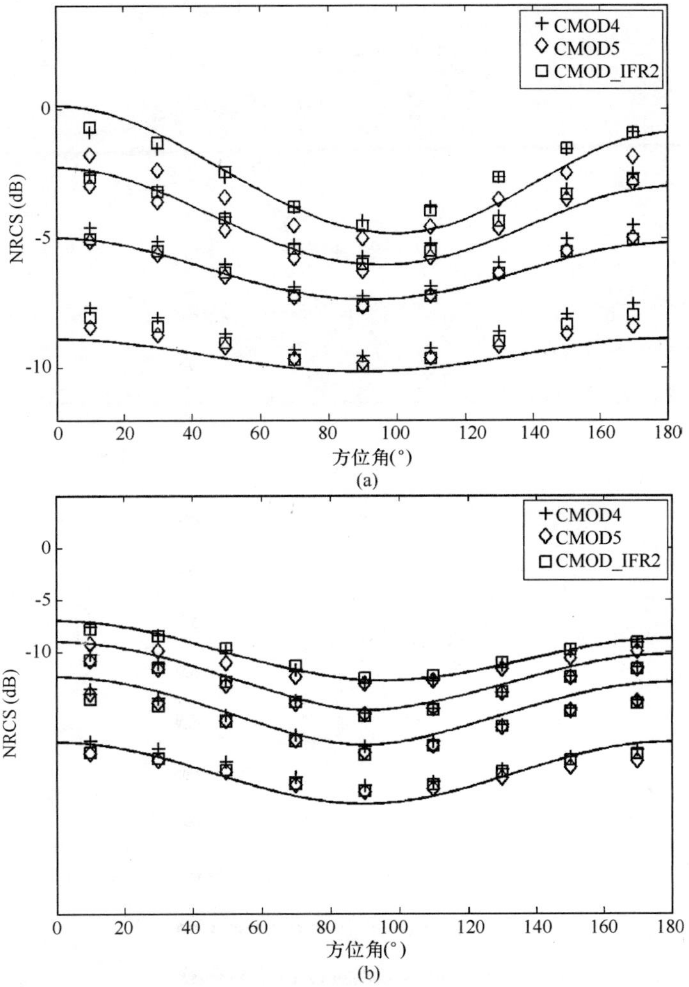

图4.9 在VV极化方式和不同入射角条件下(a—入射角为25°；b—入射角为45°)，由不同模型计算的标准化雷达后向散射截面随风向的变化图

注：加号代表CMOD4模型，菱形代表CMOD5模型，正方形代表CMOD_ IFR2模型，实线代表Xu模型。从下至上，海面风速 U_{10} 分别为5 m/s、10 m/s、15 m/s和20 m/s。

图4.10给出了在VV极化方式和不同风向条件下，由Xu理论模型与C波段经验模型计算的标准化雷达后向散射截面随入射角的变化。从图中可以看出，理论模型与经验模型之间十分吻合。图4.10还表明，在入射角小于30°时，镜面反射起重要作用。

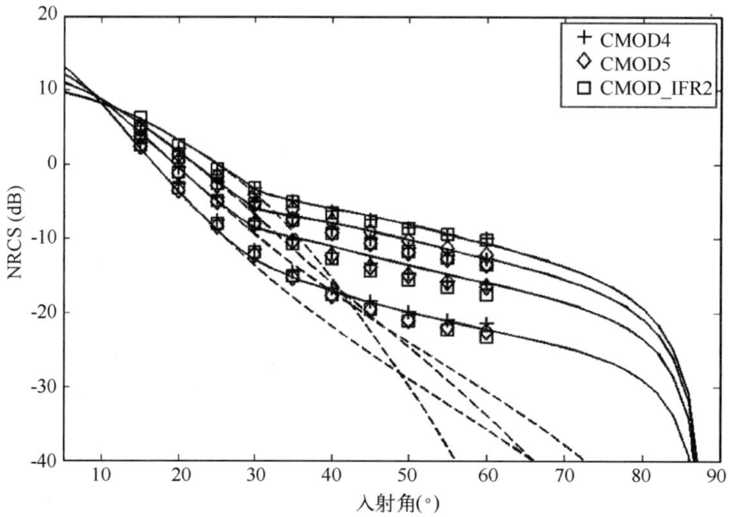

(a)

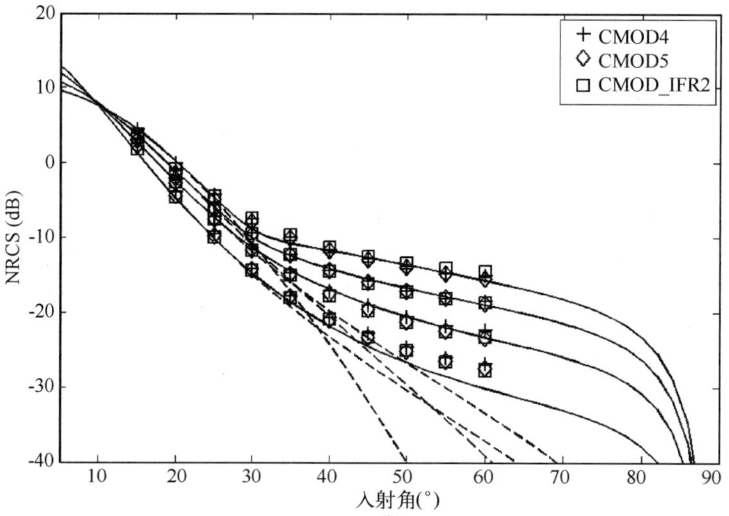

(b)

图 4.10　在 VV 极化方式和不同风向条件下(a—逆风向；b—侧风向)，由不同模型计算的雷达后向散射截面随入射角的变化图

注：加号代表 CMOD4 模型，菱形代表 CMOD5 模型，正方形代表 CMOD_ IFR2 模型，实线代表 Xu 模型，虚线代表仅镜面反射对雷达后向散射截面的贡献。从下至上，海面风速 U_{10} 分别为 5 m/s、10 m/s、15 m/s 和 20 m/s。

针对香港近岸海域的 ENVISAT 双极化(VV 极化和 HH 极化)ASAR 遥感图像和美国西海岸 Radarsat－1 SAR 数据，Xu 等利用上述理论模型进行了海面风速反演研究，与同步浮标实测数据相比，SAR 海面风速的均方根误差分别为 1.44 m/s(香港近岸海域

VV 极化 ASAR 遥感图像)、1.94 m/s(香港近岸海域 HH 极化 ASAR 遥感图像)和 1.76 m/s(美国西海岸海域 HH 极化 SAR 遥感图像)。

4.2.1.3 方位向截断波数法

该方法的基本思想是从海面波数谱提取风速信息。基于对1200景波模式 SAR 遥感图像的分析，Chapron 等(1995)提出了海浪充分成长情形下，海面风速 U_{10}和截断波长 λ_c 之间的经验关系：

$$U_{10} = 4.75\left(\frac{\lambda_c - 30}{110}\right) \tag{4.29}$$

一般地，有两种方法可以获得截断波长 λ_c：一种方法是对 SAR 遥感图像功率谱做傅里叶逆变换，然后利用 Gaussian 函数将其与自协变函数(Auto Covariance Function, ACF)进行拟合获得(Lehner et al.，2000)；另一种方法是将 ACF 与更复杂的模型之间进行拟合获得(Hasselmann et al.，1996)。

方位向截断波数方法的主要优点是不需要知道风向信息，但这种方法仅适用于低入射角条件下(~20°)的 C 波段 VV 极化 SAR 遥感图像，而且由于截断波长的计算包含了长波轨道运动的贡献，这可能影响 SAR 海面风速反演精度。

4.2.1.4 神经网络方法

神经网络(Neural Network，NN)方法可以根据 SAR 遥感图像强度，直接从未经过辐射定标的 SAR 遥感图像中提取海面风速。该方法在不同极化方式、不同入射角情况下，具有较强普适性(Horstmann et al.，2003)。Horstmann 等(2003)利用该方法从 ERS－2 SAR 波模式遥感图像反演了全球海面风速，其结果与 ERS－2 散射计海面风速结果较为一致。

4.2.2 海面风向反演

很多情况下，SAR 遥感图像上存在与海面风向平行的条纹特征，这种条纹称为风条纹。早在1986年，Gerling(1986)就证实了 SEASAT－A/SAR 海洋遥感图像上这些具有数千米空间尺度的线性特征可能是由海面风引起的，并且与风向相关。此后，Alpers 等(1994)指出，这些风条纹的形成与海洋－大气边界层的不稳定性有关。

当海－气界面处海温高于气温，或者当海面风的剪切作用达到一定程度，使大气边界层的静力不稳定性不足以抗衡湍流的产生时，大气边界层将变得不稳定。前者称为热力不稳定(或 Rayleigh - Benard 不稳定)，后者称为动力不稳定。由于大气边界层的不稳定，在平均海面风场(一次流)之上将形成螺旋状大气边界层对流涡旋(二次流)，大气边界层对流涡旋作用于海面，使海面产生辐聚或辐散，从而改变了海面粗糙度，在 SAR 遥感图像上形成数千米空间尺度的亮暗相间的条纹，这就是风条纹。

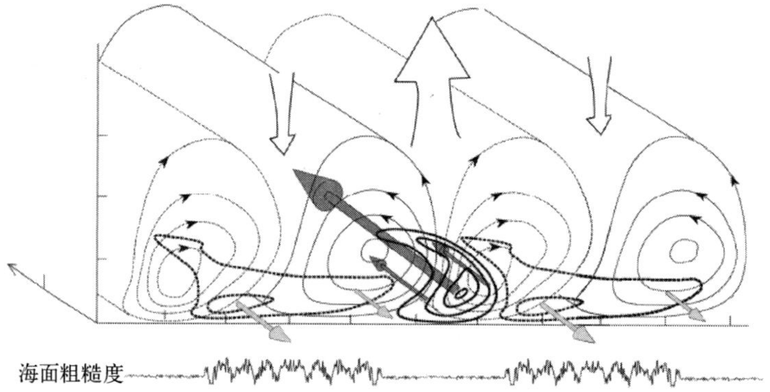

图 4.11　海面上空理想对流涡旋的三维视图

注：带箭头的细虚线为垂向的对流涡旋流线，管状箭头代表由对流涡旋引起的沿涡旋轴线方向的风矢量，粗虚线为沿涡旋轴线方向的风速等值线，对流涡旋上方的空心箭头代表由对流涡旋引起的垂向速度。图的最下方显示了对应的海面粗糙度变化，在下沉区，海面粗糙度最大，SAR 海面后向散射最强(Sikora and Ufermann，2004)。

大量观测(LeMone，1973；Brummer，1985)、理论研究(Brown，1970)与数值模拟(Deardorff，1972；Mason，1983)均表明，大气边界层对流涡旋的轴线方向与海面风向基本一致(图 4.11)。假设海面风向和 SAR 遥感图像上由边界层对流涡旋引起的风条纹方向是一致的，则可根据 SAR 遥感图像上的风条纹方向得到海面风向。

从 SAR 遥感图像获取风条纹方向的方法主要是基于谱域的谱分析方法和基于空间域的空间分析方法。

对于谱分析方法，最普遍的是二维快速傅里叶变换(FFT)方法，该方法首先由 Gerling(1986)提出，通过二维 FFT 计算 SAR 遥感图像谱，得到谱峰连线的垂线方向，该方向即为海面风场的方向。此后，二维 FFT 方法经过改进，在 SAR 海面风向反演中得到广泛应用(Wackerman et al. , 1996; Vachon and Dobson, 1996, 2000; Fetterer et al. , 1998; Kerbaol and Chapron, 1998; Korabakken et al. , 1998; Lehner et al. , 1998, 2000; Horstmann et al. , 2000)。

利用二维 FFT 方法计算 SAR 图像谱的方法如下:

$$Y_{l,m} = \sum_{j=1}^{N}\sum_{k=1}^{N} X_{j,k}\exp[-2\pi i(jl+km)/N] \tag{4.30}$$

式中, Y 为图像谱; X 为图像灰度值; l, $m=1$, 2, …, N, 其中 N 为像元个数。

由于 SAR 遥感图像上风条纹的尺度为数千米量级, 远远大于海浪的尺度(数百米量级), 因此, 即使 SAR 遥感图像上有海浪的条纹状信息, 对 SAR 遥感图像谱进行低通滤波后, 就可以得到风条纹的方向。

由二维 FFT 方法获得的海面风向具有 180°方向模糊问题。在近岸海区, 这种风向的不确定性可通过 SAR 遥感图像纹理结构, 如背山风和落山风的走向加以消除; 或者利用其他附加信息如实测风向、散射计风向或大气数值模型输出结果等加以消除。但是, 二维 FFT 方法获得的风向分辨率相对较低(20 km × 20 km), 因此, 该方法更适合于大洋区域海面风向的提取。

二维 FFT 方法存在的另一个问题是, 在 SAR 遥感图像上, 并非每景图像都显示与风向一致的线性风条纹特征, 在风条纹不存在的区域, 二维 FFT 方法常常会导致错误的风向。Wackerman 等(2006)针对上述问题发展了一种投影方法, 该方法可以自动从仅包含足够线性风条纹特征的区域估计海面风向。对于不存在风条纹的区域, 风向可以由周边的风向插值获得。

基于空间分析方法, 学者们发展了一种获得海面风向的局地梯度法(Local Gradient, LG), 该方法通过计算不同空间尺度下的局地梯度得到风条纹的方向(Horstmann et al. , 2002, 2004, 2005; Koch, 2004; Horstmann and Koch, 2005; Fan et al. , 2008)。此外, 小波分析方法(Du et al. , 2002; Fichaux and Rachin, 2002)和方差分析方法(Wackerman et al. , 2003)等也被用来从 SAR 遥感图像提取风条纹的方向。与谱分析方法相比, 空间分析方法获取的海面风向具有更高的分辨率(高于 10 km × 10 km, 甚至可达 1 km × 1 km)(Koch, 2004)。

图 4.12 显示了北海南部海域 VV 极化的 ENVISAT ASAR 遥感图像。叠加于 SAR 遥感图像上的是利用 LG 方法和 CMOD4 模型反演的海面风矢量(白色箭头), 以及德国天

气中心 DWD 模型的风矢量模拟结果(黑色箭头)。风向的180°模糊可根据 SAR 遥感图像中的风阴影信息去除，这些风阴影经常出现于德国北部沿岸。从图中可以看出，由 ASAR 遥感图像反演的海面风速和风向与 DWD 模拟结果十分吻合。

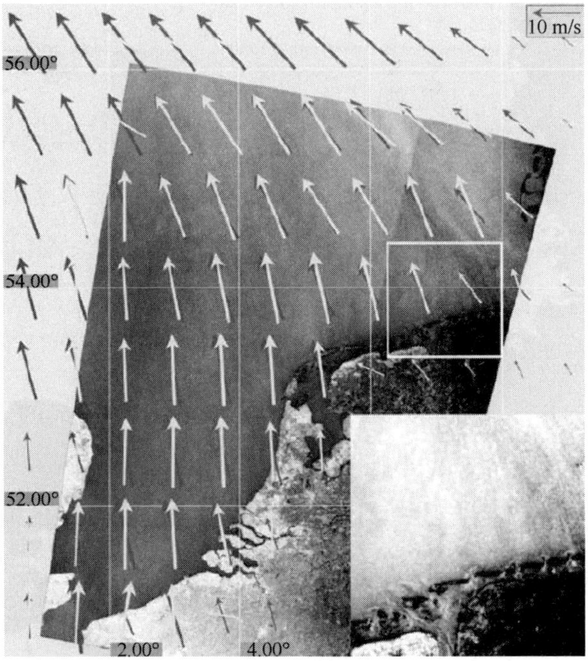

图4.12　2002年12月1日10:02 UTC 获得的北海南部 VV 极化 ENVISAT ASAR 遥感图像及叠加的海面风矢量图

注：图像右下方放大后的 ASAR 子图像显示了德国北部沿岸受陆地影响产生的风阴影(Horstmann et al., 2004)。

图4.13显示了北海南部海域 HH 极化的 ENVISAT ASAR 遥感图像。与图4.12类似，叠加于 SAR 遥感图像上的是利用 LG 方法、CMOD4 模型和式(4.23)所示的极化比函数模型反演的海面风矢量(白色箭头)，以及 DWD 模型的风矢量模拟结果(黑色箭头)。在大部分区域，由 ASAR 遥感图像反演的风向与 DWD 模拟结果十分一致，但风速被低估。

尽管可以利用 SAR 遥感图像上的风条纹特征估算风向，但并非所有的 SAR 遥感图像上都能显示与海面风向一致的线性风条纹特征。由于 SAR 遥感图像上的这些线性风条纹特征只有在不稳定的大气层结条件下才比较明显，而对于中性或稳定的大气层，

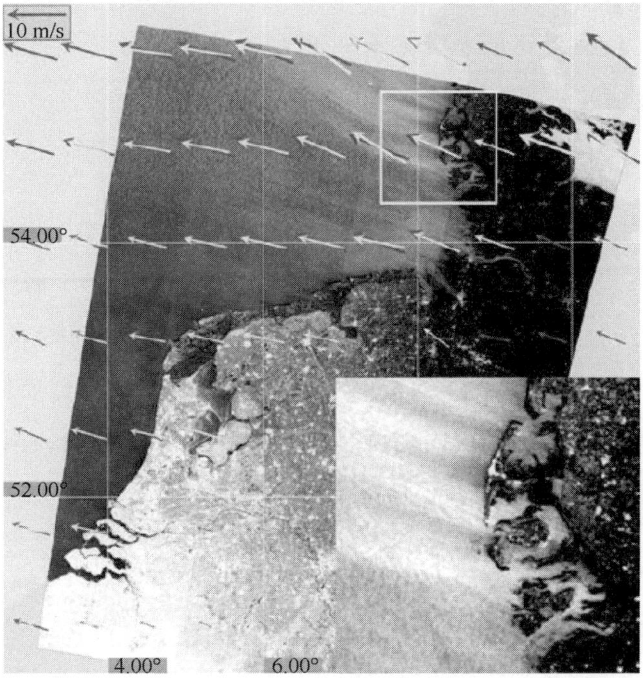

图 4. 13　2002 年 12 月 14 日 09:53 UTC 获得的北海南部 HH 极化 ENVISAT ASAR 遥感图像及叠加于其上的海面风矢量图

注：图像右下方放大后的 ASAR 子图像显示了德国西海岸受陆地影响产生的风阴影(Horstmann et al. , 2004)。

这种特征有时根本就不存在。此外，SAR 遥感图像上还可能存在其他一些与风条纹(由大气重力波或海洋内波等海洋动力过程引起的特征)，其空间尺度与风条纹相当，但方向与海面风向不一致的线性特征，这将对 SAR 海面风向估算结果产生一定的影响。因此，在某些情况下，可以通过数值预报模式结果、现场观测数据或散射计风场资料获得 SAR 遥感成像时的海面风向。这种方法可以较合理地给出海面风向信息，但其空间分辨率一般相对较低，在某些情况下难以满足 SAR 高分辨率海面风场反演的需求。

4. 2. 3　海面风速和风向同步反演

4. 2. 3. 1　最优化反演方法

基于气象学中解决逆问题时普遍采用的方法，Portabella 等(2002)提出了从 SAR 遥感图像同时反演海面风速和风向的方法，称为最优化方法。该方法将 SAR 数据信息，例如标准化雷达后向散射截面和风条纹等，与来自高分辨率数值模型或浮标资料的风场信息结合，反演得到最大概然风速和风向。与散射计风场相比，最优化方法效果较好，但利用该方法进行 SAR 海面风场反演，必须获取必要的背景信息。

4.2.3.2 M－NRCS(Multiple NRCS)方法

该方法是由 He 等(2005)提出的，被应用于 ENVISAT ASAR 遥感图像海面风矢量反演。该方法的主要思想源自散射计风矢量反演方法，将 SAR 遥感图像分别沿雷达视向和卫星飞行方向分为许多块小区域，利用沿雷达视向方向相邻两块区域(这两块区域对应的入射角略有不同)的标准化雷达后向散射截面反演海面风矢量。这种方法的局限是从 ASAR 遥感图像中反演的风速在近距方向一侧常常被低估，这可能是由近距一侧 SAR 信号——数字转换饱和效应所引起的标准化雷达后向散射截面的低估造成的。

4.2.3.3 双极化方法

利用 ENVISAT ASAR 数据的双极化特点，Song 等(2006)提出了海面风场反演的双极化方法。基于两景具有联合极化(co－polarizaiton，VV 或 HH 极化)和交叉极化(cross－polarization，VH 或 HV 极化)的同步 ASAR 数据，通过求解含有海面风速和风向两个未知变量的 3 个方程组成的方程组，得到风矢量。利用这种方法可以得到确定的海面风速和风向。但是，该方法仅适用于同时具有联合极化和交叉极化的 SAR 数据，例如 ENVISAT ASAR 数据、Sentinel－1 A/B SAR 数据等。

4.3 SAR 海面风场探测方法比较

在过去十几年中，利用 SAR 反演海面风场的方法得到了迅速发展，每种方法都有各自的优缺点，表 4.4 对这些方法进行了总结。在这些方法中，风速反演的经验模型以及风向反演的 FFT 或 LG 方法是最常用的方法，其中有些已被用于准业务化 SAR 海面风场反演(Monaldo，2000)。以往的研究表明，与浮标实测风速相比，在 2～20 m/s 风速条件下，SAR 海面风速反演的精度高于 1.8 m/s，风向反演的精度高于 20°(Monaldo et al.，2001；Dankert et al.，2003；He et al.，2005；Xu et al.，2008，2010)。与散射计观测相比，SAR 海面风速与风向反演的精度分别高于 1.0 m/s 和 15°(Thompson et al. , 2001; Horstmann et al. , 2003; Monaldo et al. , 2004; Song et al. , 2006; Yang et al. , 2011)。

表 4.4 SAR 海面风场反演方法总结

风速	风向	优势	不足
经验模型	—	经过大量数据验证；准业务化应用	依赖于风向信息；仅反演海面风速
方位向波数截断方法	—	不依赖于风向和 SAR 数据辐射校正	局限于低风速下风速反演；依赖于风区；仅反演海面风速
神经网络方法	—	不依赖于 SAR 数据辐射校正；适用于任何系统设置(雷达频率、入射角、极化方式等)	仅反演海面风速
理论模型	—	适用于任意极化方式	依赖于风向信息；低中等风速反演
—	数值模型模拟	风向合理	空间分辨率较低；与 SAR 数据可能存在时空不匹配
—	实测资料或散射计数据	风向经过验证	空间分辨率较低；与 SAR 数据可能存在时空不匹配
—	基于 SAR 遥感图像上风条纹特征(FFT 方法、LG 方法等)	空间分辨率较高；与 SAR 数据时空严格匹配	并不总是适用；风向存在 180°模糊；受 SAR 遥感图像上其他线性特征影响
最优化方法		综合考虑多种信息	需要背景风场信息和假设条件
M - NRCS 方法		不依赖于其他信息	近距一侧低估风速；风向存在 180°模糊
双极化方法		不依赖于其他信息；风向不存在 180°模糊	仅适用于同时有联合极化和交叉极化的 SAR 数据

在一些研究中，海面风速反演的经验模型及风向反演模型被直接应用于 SAR 台风(或飓风)海面风速反演(Horstmann et al. , 2005；范开国等，2009；Xu et al. , 2011)，并获得了较好的结果(图 4.14)。然而，在极强风速条件下(高于 35 m/s)，由于 HH 或 VV 极化的 SAR 后向散射截面趋于饱和，经验模型例如 CMOD4 模型或 CMOD5

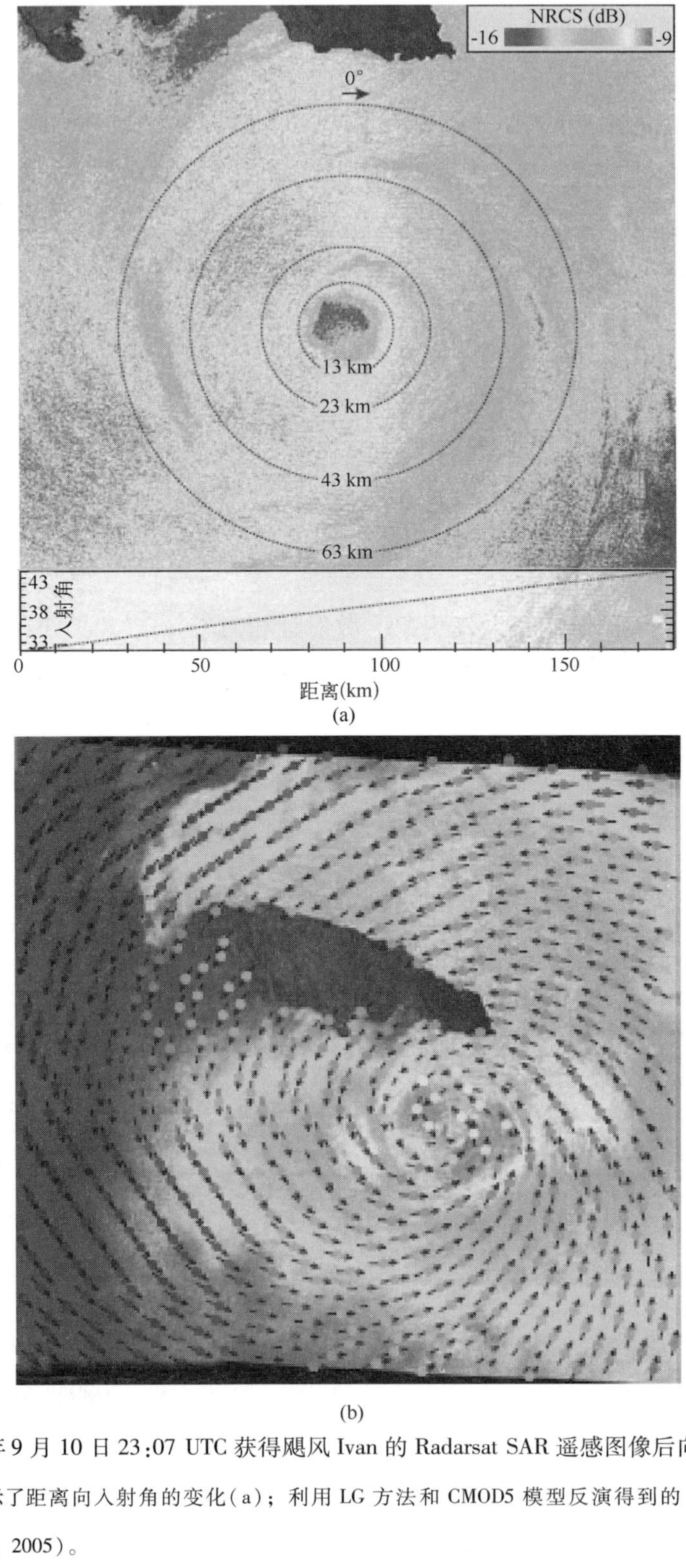

图 4.14 2004 年 9 月 10 日 23:07 UTC 获得飓风 Ivan 的 Radarsat SAR 遥感图像后向散射截面分布图

注：图像下方显示了距离向入射角的变化(a)；利用 LG 方法和 CMOD5 模型反演得到的 SAR 海面风场(b)(Horstmann et al.，2005)。

模型反演的风速会出现风速模糊现象(也就是双解现象)。针对这个问题，Shen 等(2007)提出了一种消除风速模糊解的方法。与 CMOD4 模型相比，另一种经验模型 CMOD4HW(Donnelly et al.，1999)理论上不存在风速模糊解现象，但是其应用比较少，而且目前还没有应用此模型反演台风风场的报道。Xu 等(2017)利用 C－2PO 模型对大西洋 SAR 飓风风速反演实例分析表明，C－2PO 模型能较准确地反演高风速，但当风速超过 35 m/s 时，由于受降雨及高海况的影响，该模型会低估海面风速。

4.4 小结

星载微波散射计可以连续提供 12.5～25 km 空间分辨率的全球海面业务化风矢量数据，但在某些海域，尤其是在近海岸，我们需要获得更高分辨率的风场信息，以揭示这些海域较小尺度的海洋和大气现象。散射计相对较低的空间分辨率限制了在这些研究中的应用。SAR 虽然时间采样频率较低，但具有探测高空间分辨率海面风场的能力，可弥补散射计的不足。但由于受到海面后向散射理论和数据的限制，SAR 海面风场反演模型仍需更深入的研究。未来随着由 SAR 遥感图像、实测风场、散射计风场及大气数值模式输出结果等组成的数据集的进一步扩展，可以进一步改进 SAR 海面风场反演模型，并从统计的角度评估 SAR 海面风场反演的能力，进而实现业务化 SAR 高精度、高分辨率海面风场反演。

同时，可充分发挥散射计与 SAR 传感器各自的优势，通过信息融合技术将二者测得的风矢量进行融合，获得既具有高时间分辨率又具有高空间分辨率的海面风场信息。

参考文献

范开国，黄韦艮，常俊芳，等. 2010. NCEP/QSCAT 混合风向用于 SAR 图像反演高分辨率海面风速. 遥感技术与应用，25(6)：874－876.

范开国，黄韦艮，贺明霞，等. 2012. 星载 SAR 遥感图像反演海洋大气边界层高度. 地球物理学报，55(4)：1 137－1 143.

范开国，邵浩，李炎，等. 2009. “龙王”台风 SAR 遥感研究. 海洋学报. 31(1)：65－70.

杨劲松，黄韦艮，周长宝，等. 2001. 合成孔径雷达图像的近岸海面风场反演. 遥感学报，5：13－16.

Alpers W, B Brummer. 1994. Atmospheric boundary layer rolls observed by the synthetic aperture radar aboard the ERS - 1 SAR satellite. Journal of Geophysical Research, 99: 12 613 - 12 621.

Brown D. 1970. A secondary flow model for the planetary boundary layers. Journal of Atmospheric Sciences, 27: 742 - 757.

Brummer B. 1985. Structure, dynamics and energetics of boundary layers rolls from KonTur aircraft observation. Contributions to Atmospheric Physics, 58: 237 - 254.

Carswell J R, E J Knapp, P S Chang, et al. 2000. Limitations of scatterometry high wind speed retrieval. Proceedings of IGARSS 2000, 3: 1 226 - 1 228.

Chapron B, Fouhaily T E, Kerbaol V. 1995. Calibration and validation of ERS wave mode products. IFREMER Document DRO/OS/95 - 02, Brest, France.

Dankert H, J Horstmann, W Rosenthal. 2003. Ocean winds fields retrieved from radar - image sequences. Journal of Geophysical Research, 108: 3 352.

Deardorff J W. 1972. Numerical investigation of neutral and unstable planetary boundary layers. Journal of Atmospheric Science, 29: 91 - 115.

Donnelly W J, J R Carswell, R E McIntosh, et al. 1999. Revised ocean backscatter models at C and Ku band under high - wind conditions. Journal of Geophysical Research, 104 (C5): 11 485 - 11 497.

Du Y, P W Vachon, J Wolf. 2002. Wind direction estimation from SAR images of the ocean using wavelet analysis. Canadian Journal of Remote Sensing, 28: 498 - 509.

Elfouhaily T M. 1996. Modèle couple vent/vagues et son application à la télédétection par micro - onde de la surface de la mer, Ph. D. thesis, Univ Paris Ⅶ, Paris, France.

Fan K G, Huang W G, He M X, et al. 2008. Wind direction analysis over the ocean using SARimagery. Journal of Computational Information Systems, 5(1): 223 - 231.

Fetterer F, D Gineris, C C Wackerman. 1998. Validating a scatterometer wind algorithm for ERS - 1 SAR. IEEE Transactions on Geoscience and Remote Sensing, 36: 479 - 492.

Fichaux N, T Poglio, T Ranchin. 2005. Mapping offshore wind resources: Synergetic potential of SAR and scatterometer data. IEEE Journal of Oceanic Engineering, 30: 516 - 525.

Fichaux N, T Rachin. 2002. Combined extraction of high spatial resolution wind speed and direction from SAR images: A new approach using wavelet transform. Canadian Journal of Remote Sensing, 28: 510 - 516.

Furevik B R, E Korsbakken. 2000. Comparison of derived wind speed from synthetic aperture radar and scatterometer during the ERS tandem phase. IEEE Transactions on Geoscience and Remote Sensing, 38: 1 113 - 1 121.

Gerling T W. 1986. Structure of the surface wind field from the Seasat SAR. Journal of Geophysical Research, 91: 2 308 – 2 320.

Hasselmann S, C Bruning, K Hasselmann, et al. 1996. An improved algorithm for the retrieval of ocean wave spectra from synthetic aperture radar image spectra. Journal of Geophysical Research, 101: 16 615 – 16 629.

He Y, Q Zou, W Perrie. 2004. Validation of wind vector retrieval from ENVISAT ASAR images. Proceedings of IGASS'04, 5: 3 184 – 3 187.

He Y, Q Zou, W Perrie, et al. 2005. A new wind vector algorithm for C – band SAR. IEEE Transactions on Geoscience and Remote Sensing, 43: 1 453 – 1 458.

Hersbach H. 2003. CMOD5: An improved geophysical model function for ERS C – band scatterometry. European Centre for Medium Range Weather Forecasting (ECMWF) Technical Memorandum 395, 1 – 50.

Hersbach H. 2010. Comparison of C – band Scatterometer CMOD5. N equivalent neutral winds with ECMWF. Journal of Atmospheric and Oceanic Technology. 27(4): 721 – 736.

Hersbach H, A Stoffelen, S de Haan. 2005. The improved C – band geophysical model function CMOD5. Proceedings of the 2004 Envisat &ERS Symposium, ESA SP – 572.

Holt B. 2004. SAR imaging of the ocean surface. In: Synthetic Aperture Radar Marine User's Manual. Jackson C R and J R Apel, eds. Washington DC: U. S. Department of Commerce, 25 – 80.

Horstmann J, D R Thompson, F Monaldo, et al. 2005. Can synthetic aperture radars be used to estimate hurricane force winds? Geophysical Research Letters, 32: L22801.

Horstmann J, J Schiller, J Schulz – Stellenfleth, et al. 2003. Global wind speed retrieval from SAR. IEEE Transactions on Geoscience and Remote Sensing, 41: 2 277 – 2 286.

Horstmann J, S Lehner, W Koch, et al. 2000. Computation of wind vectors over the ocean using spaceborne synthetic aperture radar. Johns Hopkins APL Technical Digest, 21: 100 – 107.

Horstmann J, W Koch. 2005. Measurement of sea surface winds using synthetic aperture radars. IEEE Transactions on Geoscience and Remote Sensing, 30: 508 – 515.

Horstmann J, W Koch. 2008. High resolution wind field retrieval from synthetic aperture radar: North Sea examples. In: Remote Sensing of the European Seas. Barale V and M Gade, eds. Spring Netherlands, 331 – 342.

Horstmann J, W Koch, S Lehner. 2004. Ocean wind fields retrieved from the advanced synthetic aperture radar aboard ENVISAT. Ocean Dynamics, 54: 570 – 576.

Horstmann J, W Koch, S Lehner, et al. 2000. Wind retrieval over the ocean using synthetic aperture radar with C – band HH polarization. IEEE Transaction on Geoscience and Remote Sensing, 38: 2 122 – 2 131.

Horstmann J, W Koch, S Lehner, et al. 2002. Ocean winds from Radarsat – 1 ScanSAR. Canadian Journal of

Remote Sensing, 28: 524 –533.

Isoguchi O, M Shimada. 2009. An L – band ocean geophysical model function derived from PALSAR. IEEE Transactions on Geoscience and Remote Sensing, 47: 1 925 –1 936.

Jones W L, V E Delnore, E M Bracalente. 1981. The study of mesoscale ocean winds. In: Spaceborne Synthetic Aperture Radar for Oceanography. Beal R C, P S Deleonibus and I Katz, eds. The Johns Hopkins University Press, 87 –94.

Kerbaol K, B Chapron. 1998. Analysis of ERS –1/2 synthetic aperture radar wave mode imagettes. Journal of Geophysical Research, 103: 7 833 –7 846.

Koch W. 2004. Directional analysis of SAR images aiming at wind direction. IEEE Transactions on Geoscience and Remote Sensing, 42: 702 –710.

Korabakken E, J A Johannessen, O M Johannessen. 1998. Coastal wind retrievals from ERS synthetic aperture radar. Journal of Geophysical Research, 103: 7 857 –7 874.

Lehner S, J Horstmann. W Koch, et al. 1998. Mesoscale wind measurements using recalibrated ERS SAR images. Journal Geophysical Research, 103: 7 847 –7 856.

Lehner S, J Schulz – Stellenfleth, B Schattler, et al. 2000. Wind and wave measurements using complex ERS –2 SAR wave mode data. IEEE Transaction on Geoscience and Remote Sensing, 38: 2 246 –2 257.

Lehner S, J Schulz –Stellenfleth, S Brusch, et al. 2007. Validation of an X – band SAR wind algorithm by SIR –C/X SAR data. Proceedings of IGARSS'07, 3 285 –3 288.

LeMone M. 1973. The structure and dynamics of horizontal roll vortices in the planetary boundary laver. Journal of Atmospheric Science, 30: 481 –494.

Li X, C Jackson, F Monaldo, et al. 2016. Application of Sentinel –1 SAR data for ocean research and operation. Proceedings of IGARSS'16, 2 265 –2 268.

Li X, X Li, M He. 2009. Coastal upwelling observed by multi – satellite sensors. Science in China (D), 52: 1 030 –1 038.

Lin H, Q Xu, Q Zheng. 2008. An overview of sea surface wind retrieval from SAR. Progress in Natural Science, 18: 913 –919.

Liu Y, M Y Su, X H Yan, et al. 2000. The mean – square slope of ocean surface waves and its effects on radar backscatter. Journal of Atmosphere and Oceanic Technology, 17: 980 –993.

Liu Y, X H Yan, M Y Su. 2003. Directional spectrum of wind waves: 1. Model and derivation. Journal of Ocean University of Qingdao, 2(1): 1 –12.

Liu Y, X H Yan, W T Liu, et al. 1997. The probability density function of ocean surface slopes and its effects on radar backscatter. Journal of Physical Oceanography, 27: 782 – 797.

Liu Y, X H Yan. 1995. The wind – induced wave growth rate and the spectrum of the gravity – capillary waves. Journal of Physical Oceanography, 25: 3 196 – 3 218.

Mason P. 1983. On the influence of variations in Monin – Obukhov length on horizontal roll vortices in an inversion – capped planetary boundary layer. Boundary Layer Meteorology, 27: 43 – 68.

Monaldo F M. 2000. The Alaska SAR demonstration and near real – time synthetic aperture radar winds. The Johns Hopkins APL Technical Digest, 21: 75 – 84.

Monaldo F M, B Beal. 2004. Wind speed and direction. In: Synthetic Aperture Radar Marine User's Manual. Christopher R J and J R Apel, eds. Washington DC: U. S. Department of Commerce, 139 – 170.

Monaldo F M, D R Thompson, R C Beal, et al. 2001. Comparison of SAR – derived wind speed with model predictions and ocean buoy measurements. IEEE Transactions on Geoscience Remote Sensing, 39: 2 587 – 2 600.

Monaldo F M, D R Thompson, W G Pichel, et al. 2004. A systematic comparison of QuikSCAT and SAR sea surface wind speeds. IEEE Transactions on Geoscience and Remote Sensing, 42: 283 – 291.

Mouche A A, D Hauser, J – F Daloze, et al. 2005. Dual – polarization measurements at C – band over the ocean: Results from airborne radar observations and comparison with ENVISAT ASAR data. IEEE Transactions and Geoscience and Remote Sensing, 43: 753 – 769.

Offiler D. 1994. The Calibration of ERS – 1 satellite scatterometer winds. Journal of Atmospheric and Oceanic Technology, 11: 1 002 – 1 017.

Portabella M, A Stoffelen, J A Johannessen. 2002. Toward an optimal inversion method for synthetic aperture radar wind retrieval. Journal of Geophysical Research, 107(C8): 1 – 13.

Quilfen Y, B Chapron, T Elfouhaily, et al. 1998. Observation of tropical cyclones by high – resolution scatterometry. Journal of Geophysical Research, 103: 7 767 – 7 786.

Shen H, W Perrie, Y He. 2007. On SAR hurricane wind speed ambiguities. Proceedings of IGARSS'07, 2 531 – 2 533.

Shimada T, H Kawamura. 2005. Statistical compartmentalization of surface wind field over coastal seas using high – resolution SAR – derived winds. Geophysical Research Letters, 32(5).

Shimada T, H Kawamura, M Shimada. 2003. An L – band geophysical model function for SAR wind retrieval using JERS – 1 SAR. IEEE Transactions on Geoscience and Remote Sensing, 41: 518 – 531.

Sikora T D, S Ufermann. 2004. Marine atmospheric boundary layer cellular convection and longitudinal roll vortices. In: Synthetic Aperture Radar Marine User's Manual. Christopher R J and J R Apel, eds. Washington DC: U. S. Department of Commerce, 321 – 330.

Song G T, Hou Y J, Qi P. 2006. Wind vector retrieval using dual polarization imagery of ASAR. Progress in Natural Science, 16(11): 1 183 - 1 187.

Stoffelen A C M. 1998. Error modeling and calibration: towards the true surface wind speed. Journal of Geophysical Research, 103(C4): 7 755 - 7 766.

Stoffelen A, D Anderson. 1997. Scatterometer data interpretation: Estimation and validation of the transfer function CMOD4. Journal of Geophysical Research, 102: 5 767 - 5 780.

Stoffelen A, Verspeek J A, Vogelzang J, et al. 2017. The CMOD7 geophysical model function for ASCAT and ERS wind retrievals. IEEE Journal of Selected Topics in Applied Earth Observations and Remote Sensing. 10(5): 2 123 - 2 134.

Thompson D R, F M Monaldo, N S Winstead, et al. 2001. Combined estimates improve high - resolution coastal wind mapping. Eos, 82: 368 - 374.

Thompson D R, R C Beal. 2000. Mapping high resolution wind fields using synthetic aperture radar. The Johns Hopkins APL Technical Digest, 21: 58 - 67.

Thompson D R, T M Elfouhaily, B Chapron. 1998. Polarization ratio for microwave backscattering from the ocean surface at low to moderate incidence angles. Proceedings of IGARSS'98, 3: 1 671 - 1 673.

Ticha M B B, T Ranchin. 2006. A case based reasoning data fusion scheme: Application to offshore wind energy resource mapping. Proceedings of The 9th International Conference on Information Fusion.

Unal C M H, P Snooji, P J F Swart. 1991. The polarization - dependent relation between radar backscatter from the sea surface and surface wind vectors at frequencies between 1 and 18 GHz. IEEE Transactions on Geoscience and Remote Sensing, 29: 621 - 626.

Vachon P W, F W Dobson. 1996. Validation of wind vector retrieval from ERS - 1 SAR images over the ocean. Global Atmosphere and Ocean System, 5: 177 - 187.

Vachon P W, F W Dobson. 2000. Wind retrieval from Radarsat SAR images: Selection of a suitable c - band HH polarization wind retrieval model. Candian Journal of Remote Sensing, 26: 306 - 313.

Vachon P W, J Wolfe. 2011. C - Band cross - polarization wind speed retrieval. IEEE Geoscience Remote Sensing Letters, 8(3): 456 - 459.

Valenzuela G R. 1978. Theories for the interaction of electromagnetic and ocean wave - A review. Boundary - Layer Meteorology, 13: 61 - 85.

Wackerman C C, J Horstmann, W Koch. 2003. Operational estimation of coastal wind vectors from Radarsat SAR imagery. Proceedings of IGARSS'03, 2: 1 270 - 1 272.

Wackerman C C, P Clemente - Colón, W Pichel, et al. 2002. A two - scale model to predict C - band VV and HH normalized radar cross section values over the ocean. Canadian Journal of Remote Sensing, 28: 367 – 384.

Wackerman C C, R Rufenach, J Johannessen, et al. 1996. Wind vector retrieval using ERS – 1 synthetic aperture radar imagery. IEEE Transactions on Geoscience and Remote Sensing, 34: 1 343 – 1 352.

Wackerman C C, W Pichel, X Li, et al. 2006. Estimation of surface winds from SAR using a projection algorithm. Proceedings of The 14th Conference on Satellite Meteorology and Oceanography, J4. 4.

Weissman D E, D King, T W Thompson. 1979. Relationship between hurricanes surface winds and L – band radar backscatter from the sea surface. Journal of Applied Meteorology, 18: 1 023 – 1 034.

Wright J W. 1968. A new model for sea clutter. IEEE Transactions on Antennas and Propagation, 16: 217 – 223.

Xu, Q, G Zhang, S Zhang, et al. 2017. Evolution of typhoon Soudelor observed by RADARSAT – 2 SAR. Proceedings of IGARSS'17, 735 – 738.

Xu Q, G Zhang, X Li, et al. 2016. An automatic method for tropical cyclone center determination from SAR. Proceedings of IGARSS'16, 2 250 – 2 252.

Xu Q, H Lin, Q Zheng, et al. 2008. Evaluation of ENVISAT ASAR data for sea surface wind retrieval in Hong Kong coastal waters of China. Acta Oceanologica Sinica, 27(4): 1 – 6.

Xu Q, H Lin, Q Zheng, et al. 2010. Assessment of an analytical model for sea surface wind speed retrieval from Spaceborne SAR. International Journal of Remote Sensing, 31(4): 993 – 1 008.

Xu Q, X Li, S Bao, et al. 2017. Tropical cyclone eye morphology and extratropical – cyclone – forced mountain lee waves on SAR imagery. In: Hurricane Monitoring with Spaceborne Synthetic Aperture Radar. Li X, ed. Springer, 373 – 398.

Xu Q, Y Cheng, X Li, et al. 2011. Ocean surface wind speed of hurricane Helene observed by SAR. Procedia Environmental Sciences, 10 (C): 2 097 – 2 101.

Xu Q, Y Li, X Li, et al. 2018. Impact of ships and ocean fronts on coastal sea surface wind measurements from the advanced scatterometer. IEEE Journal of Selected Topics in Applied Earth Observations and Remote Sensing, 11(7): 2 162 – 2 169.

Yang X, X Li, W Pichel, et al. 2011. Comparison of ocean surface winds from ENVISAT ASAR, MetOp ASCAT scatterometer, buoy measurements, and NOGAPS model. IEEE Transactions on Geoscience and Remote Sensing, 49 (12): 4 743 – 4 750.

Zhang B, W Perrie. 2012. Cross – polarized synthetic aperture radar: A new potential technique for hurricanes. Bulletin of the American Meteorological Society, 93: 531 – 541.

Zhang G, B Zhang, W Perrie, et al. 2014. A hurricane tangential wind profile estimation method for C – band cross – polarization SAR. IEEE Transactions on Geoscience and Remote Sensing, 52(11): 7 186 – 7 194.

第5章

海　冰

海冰作为全球气候变化的重要衡量参数和气候变化的重要影响因子，其冻结、融化和漂流会影响海上交通、石油开发和海洋工程。海冰监测一直都是海洋遥感的一个重要方面，它在预防、评估海冰自然灾害方面有积极的作用，在保障海区的正常交通运输和海上生产正常开展作业具有重要实用价值。然而，由于冰水界面的随机起伏，冰水界面的判断非常困难，目前对海冰的监测精度还不够高。

海水和海冰表面粗糙度有着很大差异，不同类型的海冰，其雷达后向截面也有明显的差别，并且海冰的厚度、分布形态和成冰时间长短都会影响到海冰的介电常数和粗糙度。基于上述原理，SAR 被广泛地应用于监测海冰分布、海面浮冰漂流等领域，利用 SAR 遥感图像可以获得不同海冰块之间缝隙的准确信息，进而用于破冰船导航，还可以利用 SAR 时序遥感图像获得冰川运动信息，为海洋环流研究提供依据。

目前，星载 SAR 海冰监测已进入海冰信息产品业务化阶段。例如，挪威将 SAR 遥感图像制成海冰密集度、海冰类型、冰水边缘线和海冰漂移等产品，为海上石油平台、船舶和破冰船等提供实时冰情服务。此外，科学家们还使用星载 SAR 海冰资料研究海冰的动力和热力耦合过程、海冰与海洋之间的相互作用过程以及海冰与全球气候变化之间的关系等。图 5.1 给出了 TerraSAR 遥感监测到的海冰信息。

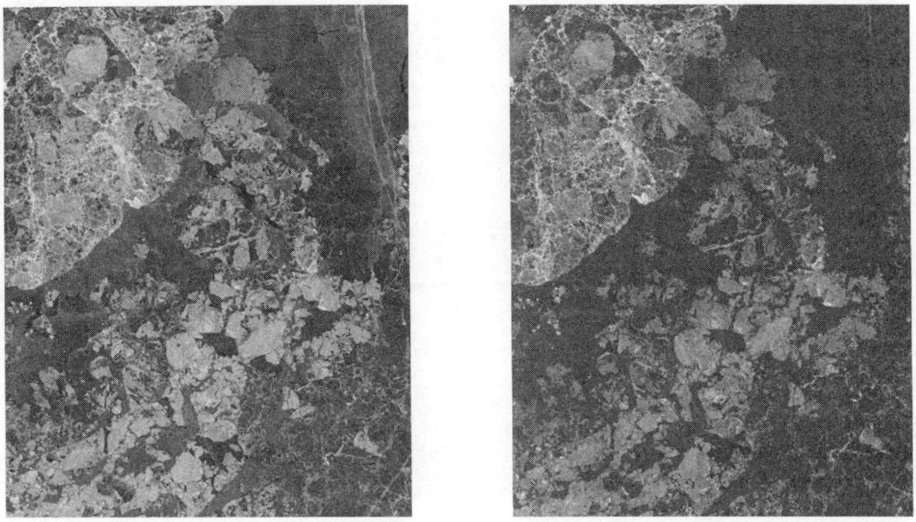

(a) (b)

图5.1　2008年3月19日TerraSAR－X不同极化状态下的高分辨率海冰SAR遥感图像

(a)HH极化；(b)HV极化

5.1　海冰与气候变暖

海冰是全球气候子系统之一冰雪圈的重要组成部分，海冰的冻结、融化和漂流变化对全球气候系统有着巨大的影响。此外，海冰也是气候系统中变化最大的一部分，其在南北半球的覆盖面积分别相当于南半球海洋面积的4%～13%及北半球海洋面积的10%。海冰与海洋和大气之间存在直接或间接的相互作用，进而能影响气候变化，这些影响的时间尺度量级达100年。冰－气相互作用对冰和大气的影响程度随季节变化和地域的不同而不同。目前，全球气候变暖已经成为不争的事实，而气候变暖最明显的特征表现在全球海冰面积的变化。因此，加强海冰监测也自然成为各个国家关注的研究方向。

美国地质调查局(USGS)最近曝光了大量反映全球变暖对北极地区海冰带来影响的照片(图5.2)。这些照片是过去10年由美国军方卫星拍摄的，反映了在夏季高纬度地区大面积冰层覆盖加速融化的事实，这无疑给世人敲响了全球气候变暖的警钟。

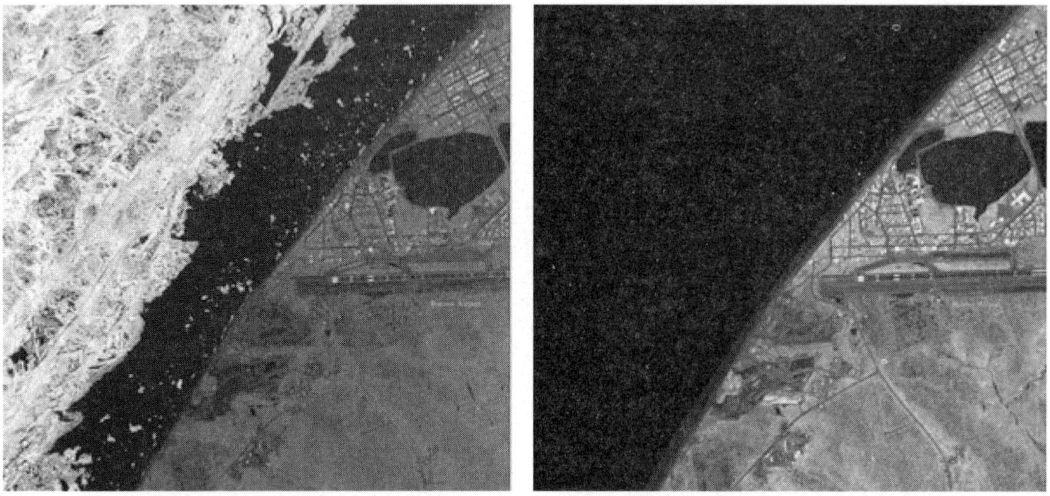

(a)

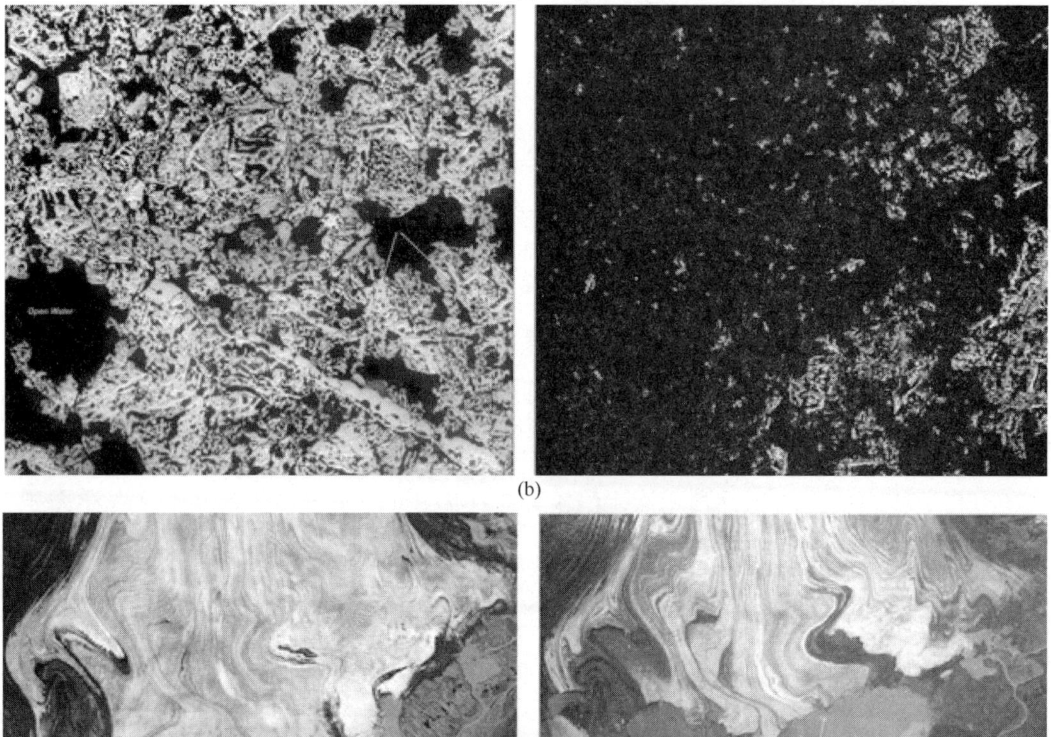

(b)

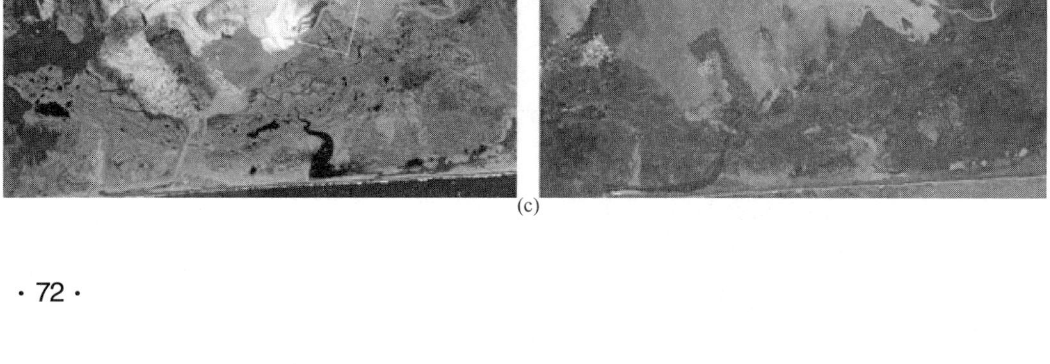

(c)

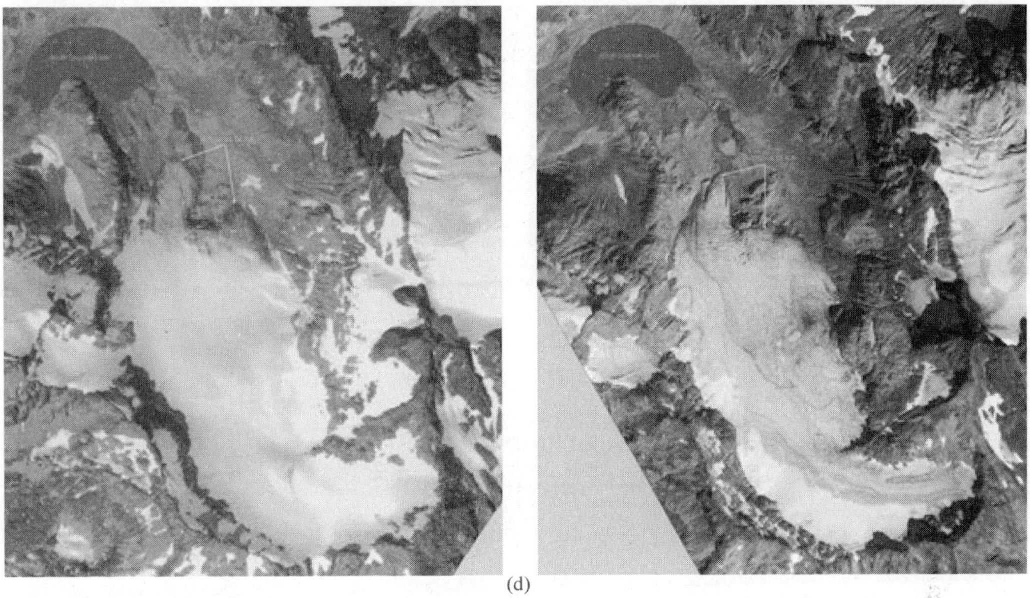

(d)

图5.2 气候变暖对海冰的影响

注：(a) 阿拉斯加巴罗：在阿拉斯加州，每年冬季海冰沿海岸形成，到7月中旬，海冰就会融化或破碎。而阿拉斯加州沿岸海冰的卫星遥感图像显示，海冰每年都会大面积消退。左边图片拍摄于2006年7月中旬，显示阿拉斯加州的海岸附近依然有大量海冰；右边图片拍摄于2007年7月中旬，此时海水中已经没有任何冰块。(b)阿拉斯加波弗特海：这一区域靠近冰架的边缘。在夏季，融化的冰水聚集在冰架的表面。这些冰水能吸收更多的太阳能量，会加速冰架融化。左图拍摄于2001年8月，右图拍摄于2007年8月。(c)阿拉斯加白令冰川：白令冰川是北美大陆最大最长的冰川。1996年白令冰川的体积达到20世纪末最大(左图)。此后，该冰川逐渐消融。左图和右图分别拍摄于1996年和2005年，反映了1996年至2005年间白令冰川消退的情况。(d)华盛顿州南瀑布火山冰川：左图拍摄于2000年，右图拍摄于2006年，反映了华盛顿州南瀑布冰川逐渐消退的情况。

5.2 海冰分类和特征

海冰的分类方法有多种，如果按照生成的年限分类，海冰大体划分为以下几个类型：新(young)冰、一年(first - year)冰、二年(second - year)冰和多年(old/multi - year)冰。在南极洲，海岸附近一年冰的厚度为0.5 ~3 m。通常厚度低于0.3 m的海冰称为薄冰，都被归类为新冰(Rees，2005)。新冰及一年冰通常会存在于二年冰或者多年冰体中，那些能在夏季的融化过程中存留下来的一年冰就成为二年冰，能够存留超过二年的称为多年冰。

无论是新冰还是多年冰，都会在海风和海洋环流的推动下漂浮移动，这就会造成冰盖的破裂，进而形成浮冰。因此，如果按照外部形状划分，海冰又可以分成碎冰、平整冰和重叠冰等多种类型(Weeks and Ackley，1982；Timco and Frederking，1996)。图5.3给出了不同海冰类型的图片：图5.3(a)至图5.3(d)分别对应初生冰、新冰、多年冰和融化多年冰的实验室特征。图5.4显示了不同类型的海冰在SAR遥感图像上的特征及其对应的实际特征。

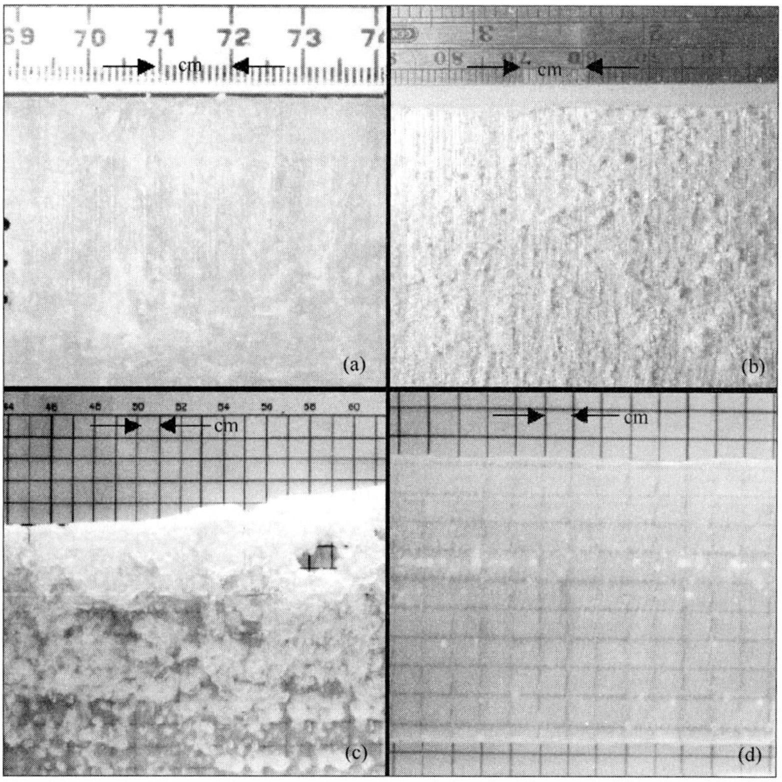

图5.3　不同的海冰类型

(a)初生冰；(b)新冰；(c)多年冰；(d)融化多年冰(Onstott and Shuchman，2004)

海冰与淡水冰的物理特性大体相近，二者的显著区别在于盐度及动态环境的影响因素不同。海冰的特征受其生长历史、温度、盐度、密度、累积时间以及其他一些因素影响，在时间和空间上具有很强的可变性。

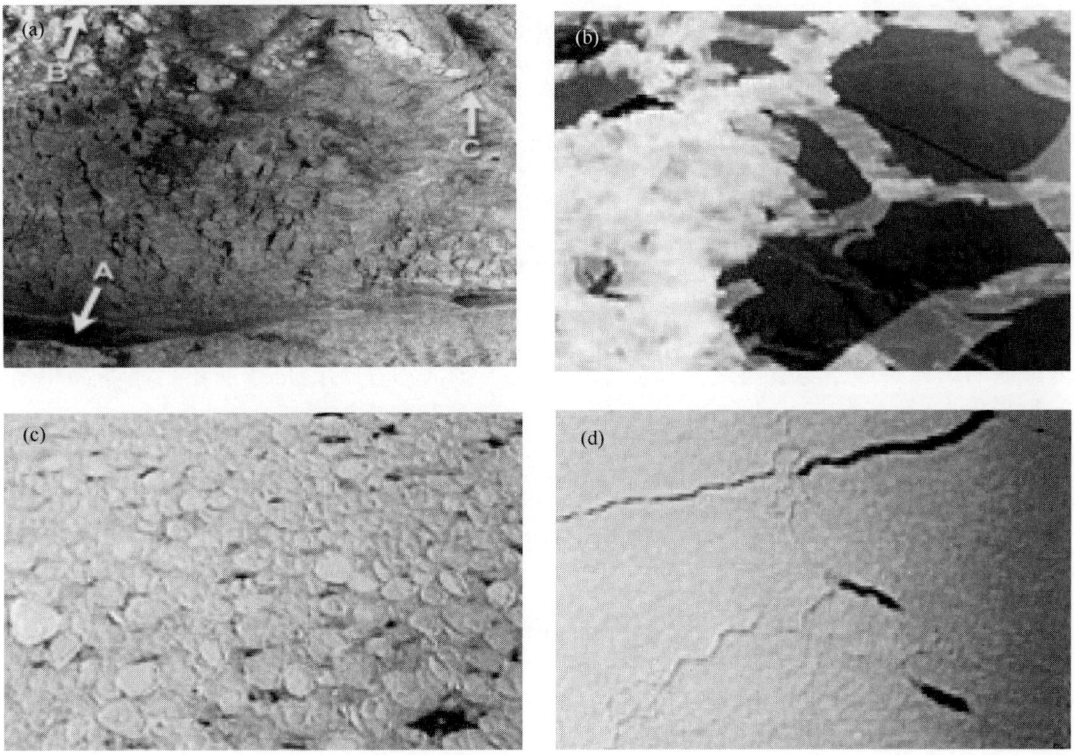

图5.4 1996年3月6日加拿大爱德华岛圣劳伦斯河海冰的 Radarsat－1 SAR 遥感图像

注：图(a)显示了不同类型的海冰A～C的特征。图(b)至图(d)分别显示了与这3种类型对应的海冰的实际特征：(b)与海冰A对应的尼罗冰(Nilas)。这种冰厚度约为10 cm，在形成的时候，具备相对平坦的表面，在SAR遥感图像上显得较暗。(c)与海冰B对应的饼状冰(Pancake)。这种冰呈灰色或灰白色，是海冰发展的第二个阶段，其厚度约为10 cm，直径为0.3～3 m。由于具备高盐和强散射特征，饼状冰在SAR遥感图像上显得较亮。(d)与海冰C对应的初期冰。这种冰呈灰色至灰白色，是由尼罗冰或饼状冰组成的较大的冰，其厚度为10～30 cm。在SAR遥感图像上可以清楚地看到冰块之间的缝隙(Onstott and Shuchman，2004)。

在不同海域，海冰的类型和表面形态有很大不同，各自具有与其生成环境相应的特征。北半球海冰的结构和运动特征较为复杂，不同类型的海冰在北极海域中共存。北冰洋包含了全球最大的永久性冰盖，这是多年冰的典型代表。在鄂霍次克海、白令海，哈得逊湾、巴芬湾和戴维斯海峡等海域存在着以年季为周期消融的新冰。与北极海域不同，南大洋海冰多以一年冰、二年冰和新冰为主。南极和南大洋海冰覆盖面积变化显著，其覆盖面积最大时比北极海冰面积更大，但其中只有一小部分为常年冰区，即多年冰，主要分布在威德尔海和罗斯海。南大洋海冰的季节性增长持续时间比北极长，消融期则较短，一般是从晚春持续到初夏，只有很小一部分海冰能在夏季消融期后仍留存下来。此外，由于南大洋的离岸辐散流使南大洋的开阔水域比北极大，使得海冰密集度小(吴龙涛，2004)。

我国渤海海域跨越北纬 37°—41°，每年 11 月末至 12 月初近岸海水开始冻结，随后因冷空气及寒潮爆发导致海冰覆盖面积和冰厚越来越大。到翌年 3 月中旬，海冰逐渐融化，直至消失。由渤海湾海域的纬度位置决定，该海域海冰的冻结、增长、融化与漂移受当地气候的影响，属于明显的一年冰(王相玉等，2006)。渤海湾是北半球纬度最低的结冰海域，与极地或高纬度海冰相比，渤海海冰无论是冰期还是冰厚都相差甚远(李宁等，2008)。渤海湾海冰以冰皮、尼罗冰和新冰为主，另有少量沿海岸滑入的固体冰，密集度最大时为 10，海冰厚度为 30 ~ 50 cm，最大冰厚能达到 80 cm。大量海冰以平整冰形式出现，仅有少量重叠冰和堆积冰。

5.3 SAR 海冰探测机理

5.3.1 SAR 海冰探测研究现状

如同监测地面上的积雪一样，海冰是遥感监测中较好识别的另一对象。不同类型的海冰在光学特性上有着较为显著的差别，尤其是新冰与其他类型的海冰之间。而且在不同的光谱区间，海冰与海水的光谱特征也有明显的区别。因此，海冰的监测横跨了光学遥感与微波遥感两个方向。在可见光和近红外波段，海冰显现出显著的辐照率。与光学遥感相比，微波遥感器具有全天时、全天候的独特优越性，因此成为海冰监测的一个重要技术手段。

海冰的微波散射特性比较复杂，很大程度上与冰的类型、结构等相关。因此，利用海冰的微波散射特征可以区分海水、新冰和多年冰，从而实现对海冰的监测(Rees，2005)。一般地，SAR 区分海冰和海水的能力受其工作频率、极化方式、入射角以及环境因素的影响(Scheuchl，2002；2003)，这些环境因素主要包括海水盐度、海面风速、冰上积雪和霜的有无等，它们在很大程度上影响海冰的后向散射特征。低盐度、高海况、冰上积雪和霜的出现都会使冰面在 SAR 遥感图像上呈现较大亮度(纪永刚等，2007)。

图5.5(a)显示了2006年2月23日渤海辽东湾海域的ENVISAT ASAR遥感图像，图中矩形方框区域(40°30′50″—40°43′08″N、121°30′36″—121°42′54″E)对应的子图像如图5.5(b)所示。从图5.5(b)可以看出，该区域内的海冰和海水可明显区分开，图像中大部分较亮的区域代表海冰，这些海冰以平整冰为主，图像左下角的暗区域为海水。此时的辽东湾海冰处在融冰期，海冰类型以流冰为主，海冰与海水之间的界线可以被清楚地显示出来。

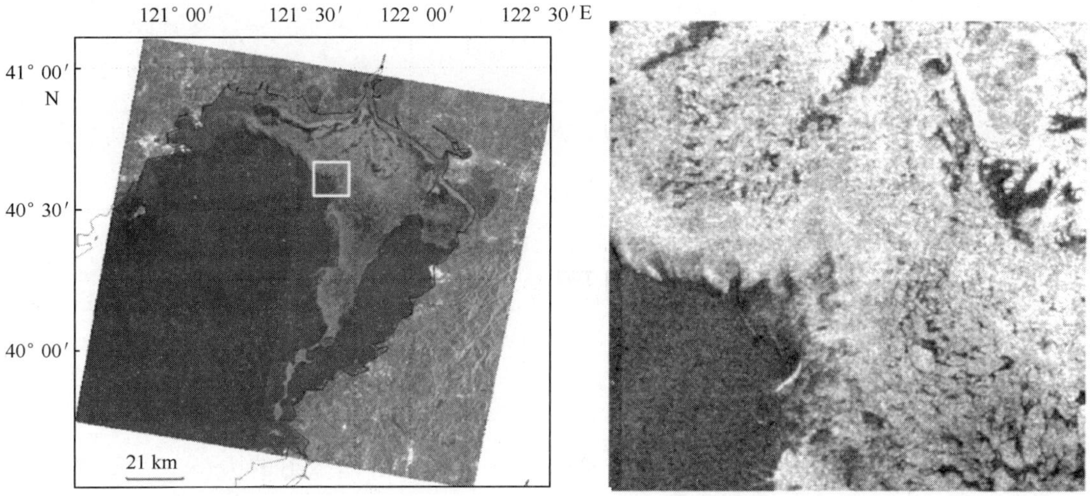

(a) (b)

图5.5 2006年2月23日渤海ENVISAT ASAR遥感图像(a)及子图像(矩形方框部分)放大后的图像(b)

目前，基于高分辨率SAR遥感图像的海冰监测得到了快速发展。美国国家海冰中心(NIC)、加拿大海冰管理中心(CIS)，以及北欧多个国家的政府或商业海冰中心，都已开展了业务化海冰监测，并发展了多种SAR海冰要素遥感探测方法(Chase et al.，1988；Kwok and Cunningham，1994；Kwok et al.，1994；Sandven et al.，1999，2001；Tsatsoul and Soh，1999；Matsuoka et al.，2002；Soh et al.，2004；Karvonen et al.，2005)。相对而言，我国利用SAR遥感监测海冰的研究起步较晚。刘建强等(1999)将Radarsat-1 SAR遥感图像用于渤海湾海冰遥感监测研究，并开展了实地验证；金亚秋等(2001)结合Radarsat-1 SAR遥感数据与SSM/I遥感数据对辽东湾海冰的分类及特征变化进行了研究；纪永刚等(2007)利用2005—2006年冬季时间序列 ENVISAT 双极化 ASAR 遥感图像，分析了不同极化方式下 ASAR 对辽东湾海冰的监测能力，并结合同步光学 TM(Landsat Thematic Mapper)遥感图像，开展了辽东湾海域不同类型海冰的电磁特性研究；张晰等(2008)基于灰度共生矩阵方法开展了辽东湾 ENVISAT ASAR 海冰遥感图像的纹理特征研究，并利用 BP 神经网络分类法建立了辽东湾 SAR 海冰遥感检测方法。

5.3.2 SAR 海冰后向散射特性

5.3.2.1 海冰后向散射特性

海冰是复杂的多晶体冰与盐、气泡以及表面雪层组成的复杂物体，主导其后向散射的物理机制是面散射及由海冰性质决定的体散射。海冰的后向散射主要受 4 个表面参数的影响(Onstott and Shuchman, 2004)：①表面粗糙度；②海冰介电常数；③介电特性的不连续性或离散散射体(如海冰中的气泡)；④海冰表面特征相对于雷达的方向(方位向视角)。

海冰形成时的海况和天气条件对海面粗糙度有十分重要的影响，而表面粗糙度的大小决定了雷达回波信号能量的分布，进而决定了雷达后向散射的大小。一年冰、新冰和开阔海水的雷达后向散射均主要取决于表面粗糙度的大小。

海冰的介电常数影响了雷达入射波的反射、吸收和耗散量。海水的介电常数较大，雷达波到达海面后大部分能量被反射。海冰的介电常数主要依赖于其盐度。新冰和一年冰盐度较高，微波在其中传播时容易衰减。对于在某个介质中传播的电磁波，若其强度在某个深度衰减为其初始强度的 $1/e$，那么该深度称为穿透深度(图 5.6)。穿透深度 d 是电磁波频率、入射角、温度和介质电导率的函数，它可由下式表示：

$$d = \frac{1}{2}\left\{\frac{2\pi\mu_r\varepsilon'_r}{2\lambda}\left\{\left[1+\left(\frac{\varepsilon''_r}{\varepsilon'_r}\right)^2\right]^{\frac{1}{2}}-1\right\}^{\frac{1}{2}}\right\}^{-1} \tag{5.1}$$

式中，λ 为电磁波波长；μ_r 为介质的相对磁导率；ε'_r 和 ε''_r 分别为介质相对复介电常数 ε_r 的实部和虚部，其复介电常数为

$$\varepsilon = \varepsilon_0\varepsilon_r = \varepsilon_0(\varepsilon'_r - j\varepsilon''_r) \tag{5.2}$$

式中，ε_0 为真空中的介电常数。

电磁波的衰减率 L 为

$$L = 10\log(e^{1/d}) \qquad (\mathrm{dB/m}) \tag{5.3}$$

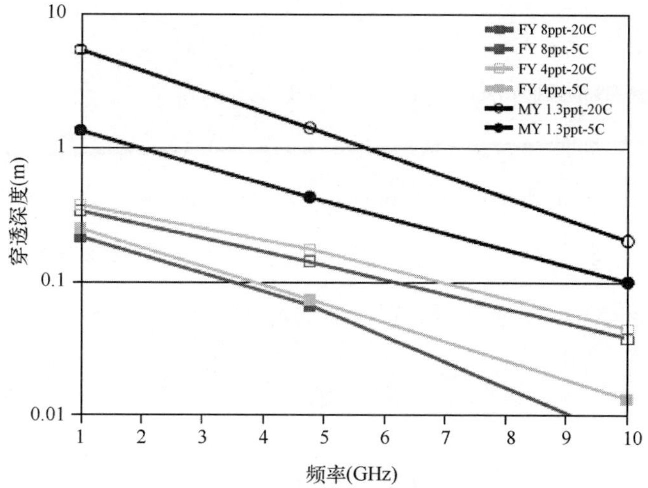

图 5.6 多年冰(MY)和一年冰(FY)穿透深度随频率(GHz)、温度(℃)和盐度(Parts Per Thousand, PPT)的变化(Onstott and Shuchman, 2004)

海冰的穿透深度还受到覆盖在其表层积雪的影响，尤其受湿雪影响显著，积雪在很大程度上可以降低穿透深度。当覆盖在海冰上的雪融化时，雪水会阻止 SAR 对海冰表面的成像。相反，冬季积雪相对微波可视为透明的(图 5.7)，这使得 SAR 可以对雪层以下的海冰成像。

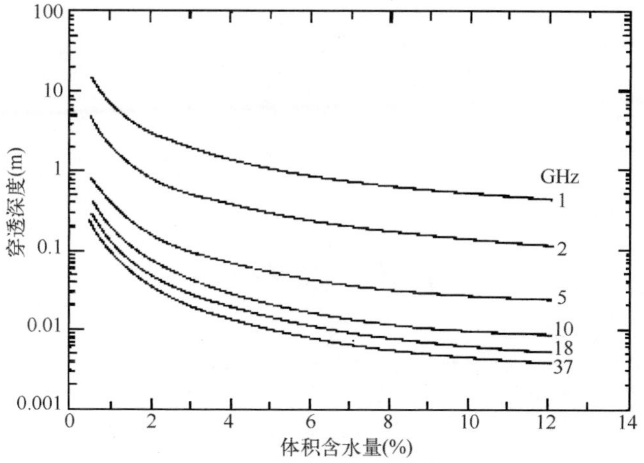

图 5.7 微波对积雪(密度为 385 kg/cm^3)的穿透深度(Onstott and Shuchman, 2004)

Vant 等(1974，1978)观测表明，对于盐度为 7 ~ 8 ppt、温度为 -5℃的一年冰，X 波段(波长 3 cm)电磁波的穿透深度为 2 ~ 4 cm，衰减率约为 150 dB/m。上层冰温度越低，穿透深度越大。与一年冰相比，多年冰盐度接近 0，因此，电磁波的穿透深度要大得多。

随穿透深度增大而增加的还有介电特性的不连续性或海冰中离散散射体(如气泡)的个数。低盐的多年冰使得微波可以透射进海冰，在 C 波段或频率更高时，其后向散射主要是体散射。对多年冰中的气泡和空洞，其大小具有与 X 波段和 C 波段波长(3 ~ 6 cm)相同的量级，这些离散的散射体导致了多年冰具有较强的后向散射。

海冰表面特征相对于雷达方向(方位向视角)对大尺度表面粗糙度也有一定的影响。当海冰冰脊垂直于雷达视向时，后向散射回波信号较强，若冰脊平行于雷达视向，则回波信号较弱。

综上所述，海冰和海水的介电特性有较大差异，这使得雷达波在两种介质中的传播和散射特征有显著的差别，在冰 - 水界面会形成强烈的雷达回波信号差，由此可由 SAR 遥感图像的相应位置确定海冰的存在。海冰的厚度、分布形态和成冰时间长短都会影响到海冰的表面介电常数和粗糙度。而 SAR 特定的波段、极化方式和观测角度决定了后向散射发生的深度，这为利用后向散射机制来分析海冰特性提供了便利。

图 5.8 显示了多年冰、一年冰和海水的后向散射特性。由于多年冰具有低盐特性，这使得微波可以穿透未被雪覆盖的海冰，其散射回波主要来自面散射和体散射，且较一年冰更强。夏季融化造成了多年冰表面的变化，表层盐度和密度都有显著的消减。

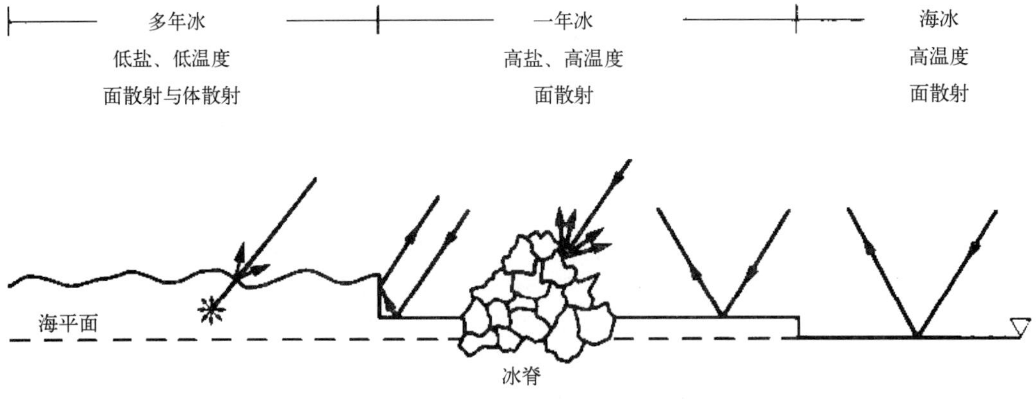

图 5.8　多年冰、一年冰和海水的后向散射特性

而一年冰和海水的盐度较高，微波无法穿透很深，其散射主要来自表面。一年冰的后向散射在很大程度上取决于海冰的表面粗糙度，由碎冰组成的冰层有着更强的后向散射。在微波波段，表面散射是高盐、高湿度海冰的显著特征，而体散射则是低盐、干燥冰的表征。因此，能对SAR信号传输造成影响的海冰特征，如海冰的表面状态、晶体结构、温度、盐度、密度等，都能通过后向散射截面来描述。

多年冰和一年冰的微波后向散射特征有明显差别，图5.9和图5.10分别显示了冬季北极中部和波弗特海多年冰和一年冰的SAR遥感图像。图中一年浮冰的影像较暗，多年浮冰的影像较亮，其形状较一年浮冰更圆。在这种情形下，很容易从SAR遥感图像区分一年冰和多年冰。

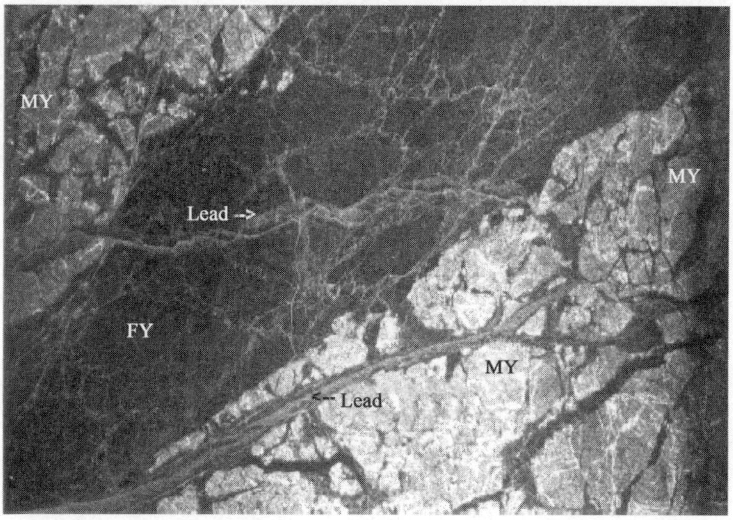

图5.9　CEAREX'89调查中获得的冬季北极中部海冰的机载SAR（C波段，VV极化，入射角为20°～70°）遥感图像

注：成像宽度约为10 km。图中FY代表一年冰，MY代表多年冰，Lead代表冰隙之间的海水（Onstott and Shuchman，2004）。

海冰的后向散射还与雷达波频率、极化方式、入射角及海况和天气条件相关。在冬季，一年冰与多年冰的后向散射随着频率的增长而呈线性增长，并且在5～35 GHz频率范围内，不同类型的海冰也可以被区分开来，VV极化可用来进行浮冰边缘检测和海冰类型分类，HH极化可用于监测海冰分布形状，交叉极化则可用来鉴定冰－水界面及区分多年冰和一年冰。图5.11显示了不同波段、不同极化方式下同一区域的海冰SAR遥感图像，从图中可以发现，L波段和HV极化方式更适合描述一年冰特征。

图 5. 12 则定量给出了一年冰、多年冰和开阔海域在不同风速和不同极化方式下 C 波段标准化雷达后向散射截面随入射角的变化。

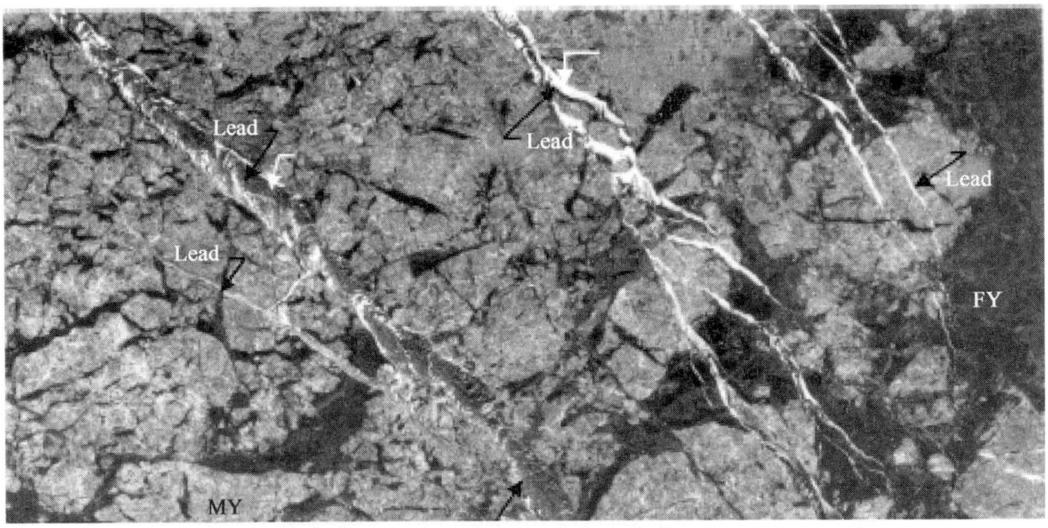

图 5. 10　1992 年 3 月 24 日冬季获得的波弗特海海冰 ERS－1 SAR 遥感图像

注：成像宽度约为 100 km。图中 FY 代表一年冰，MY 代表多年冰，Lead 代表冰隙之间的海水(Onstott and Shuchman，2004)。

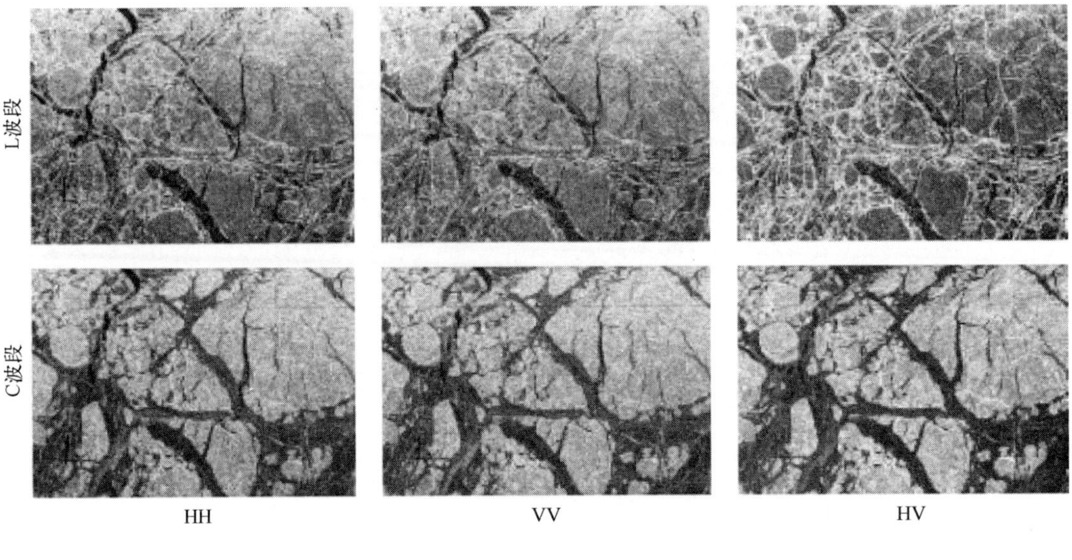

图 5. 11　不同波段和极化状态下波弗特海域的海冰 SAR 遥感图像

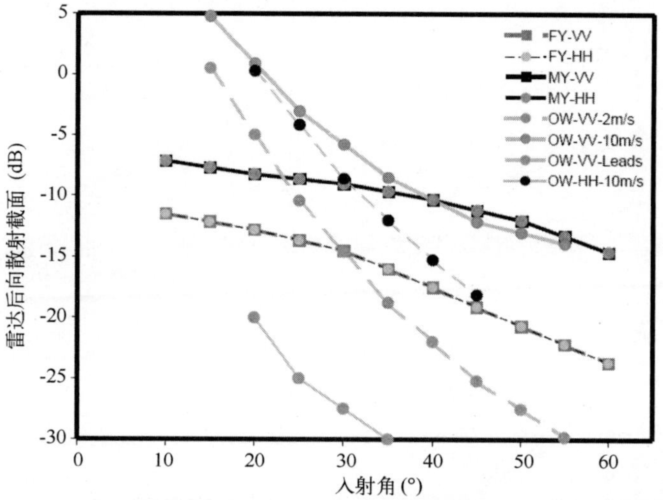

图5.12 一年冰(FY)、多年冰(MY)和开阔海域(OW)在不同风速和不同极化方式下C波段雷达后向散射截面随入射角的变化

注：标准偏差约1.7 dB，海冰的后向散射截面值来源于实际观测，开阔海域海面的后向散射截面值由雷达海面后向散射模型模拟得到。

5.3.2.2 海冰后向散射季节特征

冬季海冰的后向散射随着新冰的形成及生长而变化。新冰的后向散射很低，随着其向灰冰发展后向散射逐渐升高。在灰冰向较厚的一年冰状态形成过程中，后向散射又经历了一个缓慢的下降阶段。最后，伴随着新的冻结过程，海水已经成为多年冰，后向散射又有一个显著的提高。从这个过程中可以推论出，海冰的后向散射与其表面粗糙度及变形程度有关。在X波段、C波段的HH极化与VV极化的SAR遥感数据中都可以找到类似的规律。图5.13和图5.14分别显示了冬季和夏季不同类型的海冰和海水在不同波段、不同极化方式和不同入射角条件下的标准化雷达后向散射截面特征。

图5.15给出ERS SAR遥感图像中的厚一年冰和多年冰标准化雷达后向散射截面的季节变化特征。海冰相对复介电常数的实部随着温度的上升而增加，同时阳光照射使得海冰表面积雪潮湿融化，改变了其晶体结构，因此一年冰和多年冰的后向散射在海冰融化期有显著的变化。在初融阶段，一年冰和多年冰的雷达后向散射变化并不明显。一年冰在融化过程中，海冰表面的融雪可以滤过低温海冰的冻结，形成

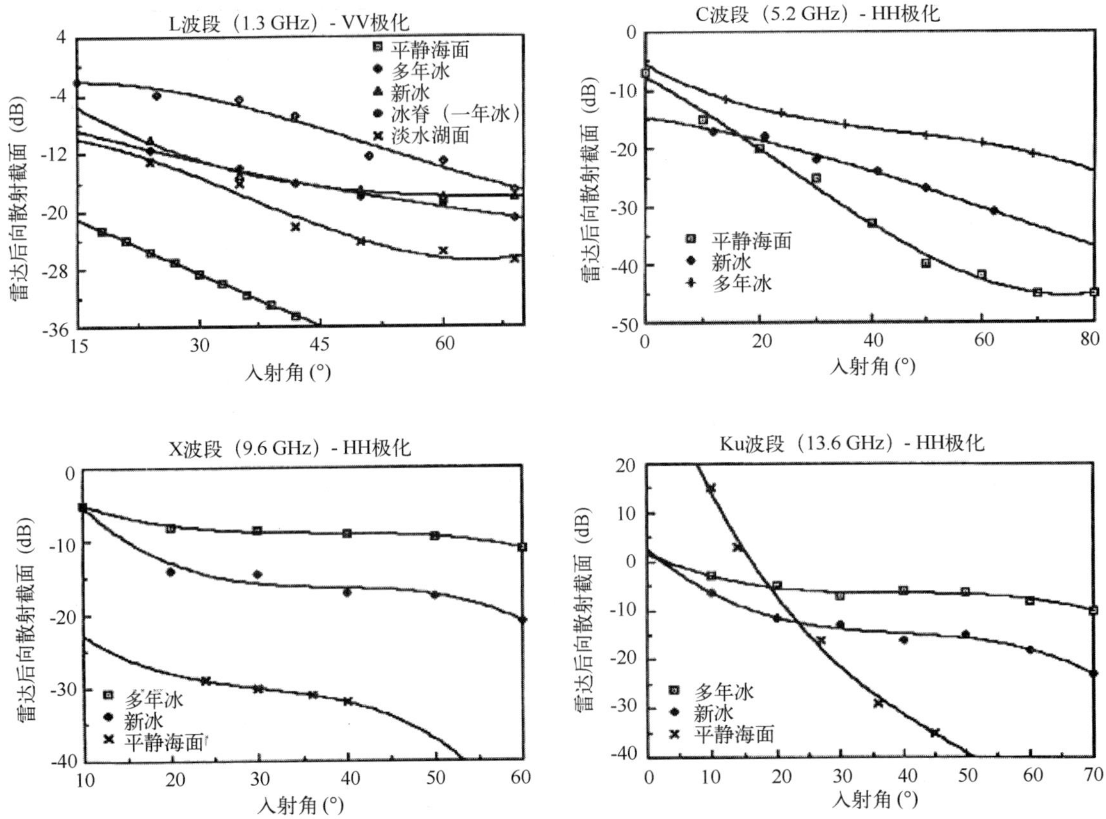

图 5.13　冬季不同类型的海冰和海水在 L、C、X 和 Ku 波段的标准化雷达后向散射截面特征

一个粗糙的表面层，从而在表面散射和少量体散射共同作用下而呈现后向散射略微增加状态。随后，因一年冰的后向散射主要取决于表面湿雪颗粒的体散射和湿雪层表面的面散射，因而后向散射在一年冰后继融化期显著增加，在达到一个最大值之后，一年冰的后向散射开始下降。对于多年冰，体散射在多年冰的后向散射中居于主导地位，而体散射在融化过程中虽然下降，但仍保持相对的稳定状态。因为多年冰表面所覆盖的积雪层中的水分有效地遮盖了其体散射，融化过程带来了多年冰后向散射的剧烈下降。

当海冰表面空气温度达到 0℃时，进一步融化阶段开始。在此阶段初期，因为海冰内部液体水分的减少而导致体散射增加，多年冰后向散射显著增加。此时多年冰后向散射与一年冰的后向散射无明显差别，这种状态将一直持续到再次冻结开始。一年

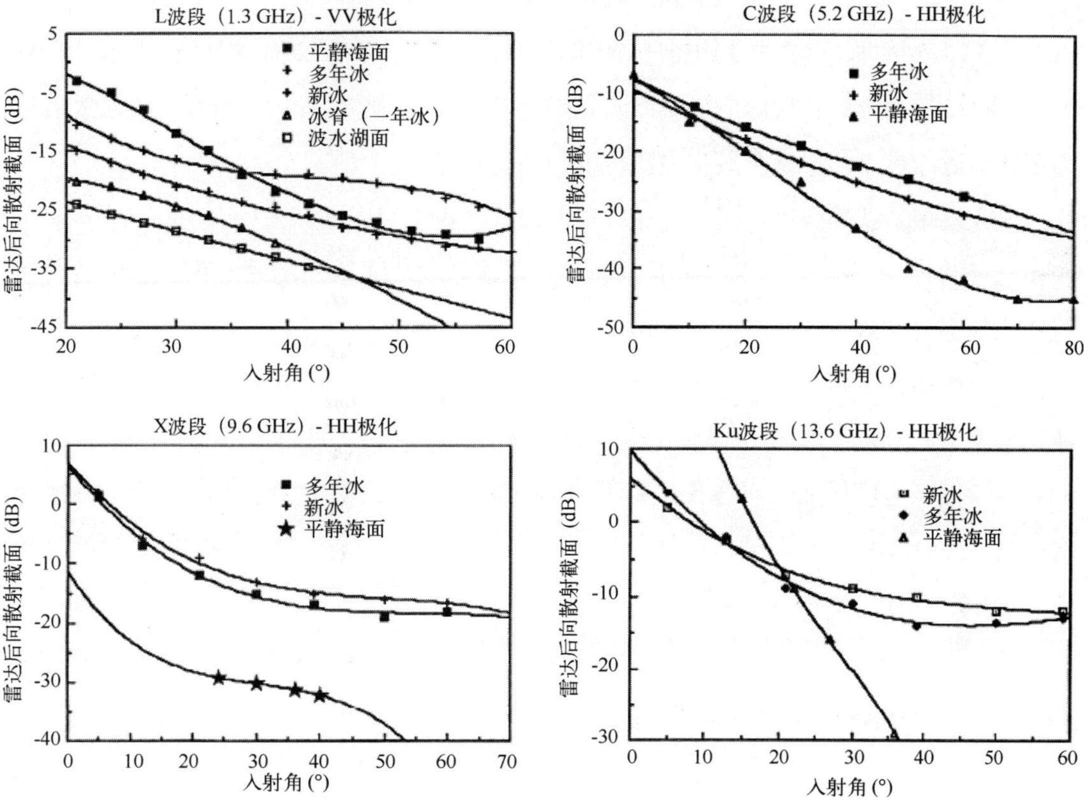

图 5. 14　夏季不同类型的海冰和海水在 L、C、X 和 Ku 波段的标准化雷达后向散射截面特征

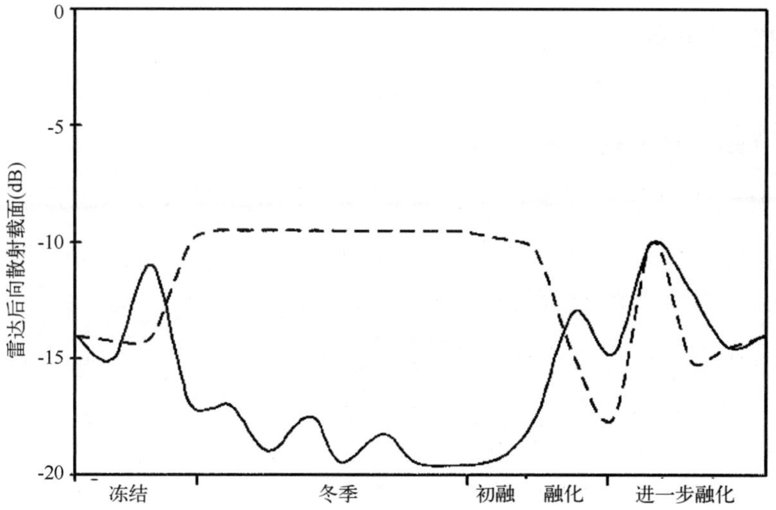

图 5. 15　厚一年冰(实线)和多年冰(虚线)雷达后向散射截面季节变化特征

冰的后向散射在融化期增强，当海冰融化殆尽时，后向散射降低。

对于厚冰来讲，后向散射与海冰的温度相关。研究表明，SAR 遥感监测到厚海冰的温度在日间上升，其后向散射截面随之增大 3 ~5 dB。此外，海冰的雷达后向散射截面值还与海冰表面的湿度及海水在流冰群中的位置相关。

研究发现，秋季海冰的温度与后向散射之间呈现很强的正相关(Winebrenner et al.，1996)。同时，也有研究认为海面强风所导致的流冰群表面粗糙度的变化是这种后向散射变化的主要因素。

综上所述，不同季节的 SAR 遥感图像可以详细描述海冰的类型和特征。冬季，海冰发展的不同阶段可由 SAR 遥感图像获取，包括新冰、一年冰和多年冰。夏季，利用 SAR 遥感图像也同样能够对海冰进行监测。海冰的边缘、密集度、大块浮冰、海冰在水中的条纹、漂移以及区域收敛和发散性等都可以通过 SAR 遥感图像获得(Sandven et al.，2001)。

5.4 SAR 海冰信息遥感监测

SAR 在海冰监测方面的应用比较广泛，多种海冰信息都可由 SAR 遥感图像获取，主要的海冰参数包括海冰类型、海冰厚度、海冰密集度、浮冰大小、漂浮方向、变形率、海冰漂移和区域离散、收敛特性、融化状态等。

Chase 等(1988)探讨了 SAR 海冰分类模型；Kwok 和 Cunningham(1994)就海冰 SAR 遥感图像特征、海冰分类等进行了系列研究，认为标准离差和平均散射截面这两个参数会对海冰分类算法造成很大影响，而纹理特征的分类算法同样基于标准离差；前人研究还表明，单极化的 SAR 数据(最常使用的是 X 波段)不能够提供足够的海冰分类信息，多极化 SAR 数据因此被引进海冰信息提取中。在海冰融化阶段，新冰和多年冰所呈现的差异，即多年冰雷达后向散射截面的下降，能够被多时段 SAR 记录下来，而物理模型的引入则可以更好地为 SAR 遥感数据解译提供帮助(Rees，2005)。

5.4.1 海冰类型

海冰类型是极地海洋研究中非常重要的参数之一，正确的海冰分类也是估算海冰其他参数，如密集度、分布和形状等的重要先决条件。SAR 海冰类型提取就是根据 SAR 遥感图像特征对海冰种类进行划分，通常使用的分类标准都是基于海冰的发展阶段及海冰表面粗糙度。在开阔海域中的冰 - 水识别研究也在迅速发展，Karvonen 等(2005)利用 Radarsat - 1 ScanSAR 遥感图像开展的冰 - 水识别准确率达到 90% 以上。

SAR 海冰分类算法可以分为视觉解译、半自动算法和全自动算法，其中半自动算法是目前常用的海冰分类算法，但一般需要同时结合视觉解译。在半自动算法实现的过程中，通常需要用到一些函数，如分类结果评估函数、分类算法参数选择函数和分类结果校正交互函数等。

海冰分类处理过程中，典型的 SAR 遥感图像处理包括如下过程。

(1)图像预处理：几何校正、辐射校正、滤波抑噪及对比增强等。这一过程的主要任务就是从遥感图像中去掉可能的人为误差，按需要进行相对校正或绝对校正。

(2)基于某种既定方法的海冰特征分割：图像分割通常是将具有同质的区域(同类纹理特质或者同类色调)分离出来，但事实上定量分离不同海冰对象的算法很难。国内外科学家提出了在开阔海域或海冰碎片背景下分割海面浮冰的算法，但这些算法由于海冰条件的多变往往不具备通用性。

(3)遥感图像参数分割：用计算参数集进行以像素/区域为最小单位的分类，归一化过的图像像素值可用于分类。当多极化遥感图像可用时，相应的像素值可被结合成特征矢量。如果采用的是基于区域的分类方法，分割参数的计算会堆栈进一个特征矢量。

(4)收尾处理：少数情况下，某些类别的海冰与开阔海水，或者部分不同类型的海冰之间有着相似的后向散射特征和纹理结构，此时以像素为单位的海冰分类会存在二义性。此时需要用其他信息来辅助识别海冰类型，如水文、气象信息，海冰漂移数据、其他遥感数据(Karvonen et al. , 2005)以及海冰地面观测信息等，此外不同海域海冰的特征等先验的海冰信息，也会起到重要作用。

5.4.2 海冰厚度

海冰厚度的分布对于气候研究非常重要，它与海冰年龄、风暴导致的形变和流冰群压力有关。海冰的厚度不能从 SAR 遥感图像中直接获取，但是可以根据海冰发展阶段进行粗略估算，从而间接地从 SAR 遥感图像中获取到(Kwok et al. , 1994; Matsuoka et al. , 2002)。

Winebrenner 等(1994)给出了一种海冰厚度原型算法，利用 C 波段 VV 极化 SAR 遥感数据来间接描述海冰的融化，液态水在海冰表层的积雪中出现意味着海冰融化的开始，而在 C 波段 VV 极化方式下，雷达后向散射截面的急剧下降源于海冰表层积雪潮湿度的增加，海面浮标记录的海水温度数据与该算法结果比较一致。反之，海冰冻结过程也可以同样利用 SAR 遥感数据来进行监测。

Melling(1998)提出的海冰厚度算法将海冰类型与海冰厚度关联起来。利用 SAR 遥感数据将海冰进行分类，由此得到海冰厚度。该算法是基于多年海冰势必会比新冰或者一年冰、两年海冰更厚这一事实提出的。

Matsuoka 等(2002)发现交叉极化方式下 L 波段标准化雷达后向散射截面 σ^0_{HV} 与海冰厚度 D(mm)呈显著的线性相关，该相关性可表示为：

$$\sigma^0_{HV} = 7.3\log\left(\frac{D}{1\,000}\right) - 28.4\ (\mathrm{dB}) \tag{5.4}$$

Rees(2005)基于时间序列 SAR 遥感图像，建立了海冰的运动与生长模型，指出海冰累积冻结天数 F 与海冰的厚度 D 存在指数关系：

$$D = 1.33F^{0.58} \tag{5.5}$$

5.4.3 海冰边缘

海冰边缘指开阔海水与任意类型海冰之间的边界，它可能是规则的线，也可能是一系列条带。海冰边缘常常变化很大，能够揭示海冰对外部环境迅速的动力和热力响应，例如风向和环境温度变化时，海冰边缘也随之发生改变。

沿海冰边缘的海冰密集度变化主要是由风拖曳、潮汐、海流、冰的消融或者冻结引起的，时间变化尺度可以是一天、一个月、一个季度或者一年。海冰边缘可分为紧实型边缘(compacted edge)和散布型边缘(diffuse edge)。由于受风或流的影响，紧实型边缘一般位于流冰群的逆风向，很容易确定。相对来说，散布型边缘一般位于流冰群的顺风向。

由饼状冰和小的、破碎的浮冰组成的海冰边缘外部区域海冰密集度的变化，可以确定海冰边缘的类型。这些小的浮冰一般由冰的消融、冻结、重力波与海冰之间的相互作用，以及涡旋导致的大块浮冰的破碎等作用形成的，其直径为20~100 m。当风朝向海冰吹时，海冰边缘变得紧实。此时，利用SAR遥感图像确定海冰边缘的位置比较容易。当风从流冰群吹向开阔海水时，形成散布型边缘，整个区域由海冰和海水组成，并会扩散至很远，从而很难区别冰-水边缘。

图5.16和图5.17分别显示了X波段机载SAR和L波段SEASAT SAR探测到的北极不同类型的海冰边缘。在图5.16中，由饼状冰和小的浮冰组成的海冰沿最外部区域紧实排列，形成了清晰的冰-水边界。图像中较亮的色调代表多年冰，较暗的色调代表一年冰的不同阶段和新冰，最暗的区域则对应开阔海水。此外从图中还可以看到冰舌(T)和许多小的海湾(B)，冰舌一般是由风或流引起的，其长度为数千米量级；海湾指海冰边缘新月状的曲折海岸，也是由风或流引起的。图像右上角是远离紧实型海冰边缘的小块冰(ice patch)或冰原(ice field)。冰原指由不同大小的浮冰组成的漂浮于海面上且直径大于10 km的流冰，小块冰则指直径小于10 km的流冰。图5.17为散布型海冰边缘的示例图。图中开阔海水的后向散射较强。在海冰边缘，形成了一薄层冰晶(ice crystal)或片冰(frazil)，对毛细波造成衰减，导致后向散射较弱。饼状冰和小的浮冰出现在距海冰边缘最远的位置，其后向散射比开阔海水更强，这是由粗糙的海冰表面和冰-水边界的散射造成的。

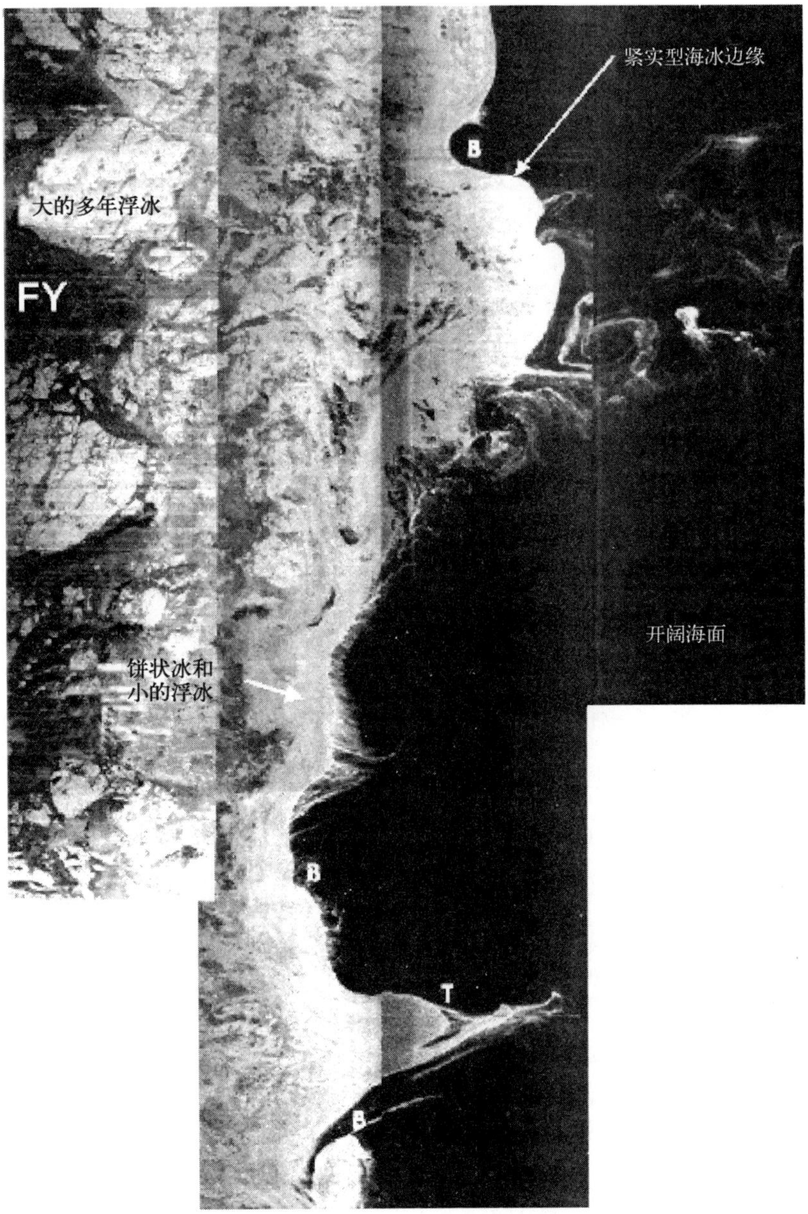

图 5.16　MIZEX'87 调查中获得的 1987 年 3 月 31 日格陵兰海边缘冰区(中心经纬度为 78.5°N、3°W)的机载 SAR(X 波段，HH 极化，入射角范围 50°～75°)遥感图像合成图

注：成像宽度约为 60 km。图中 FY 代表一年冰，MY 代表多年冰，T 代表冰舌(Ice Tongue)，B 指海湾(Bight)(Onstott and Shuchman，2004)。

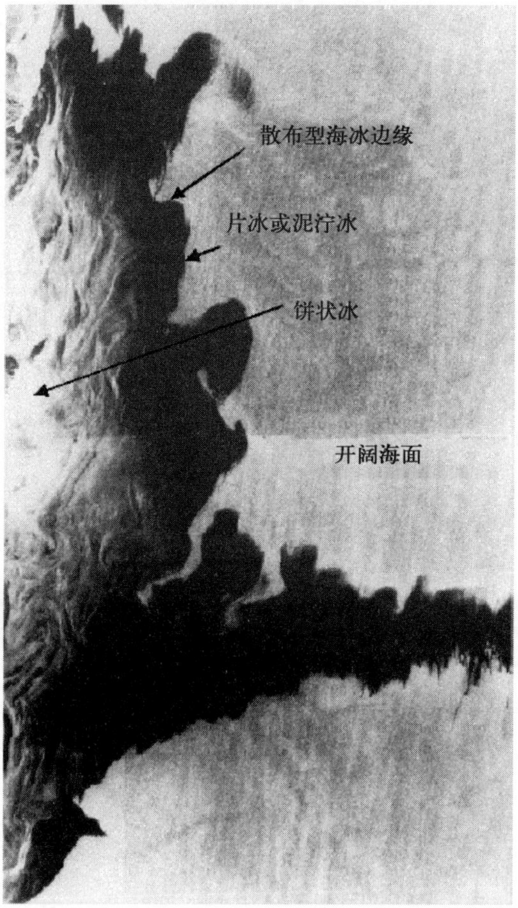

图5.17　1978年10月获得的楚科奇海 SEASAT SAR(L波段，HH极化)遥感图像

注：成像区域大小约为200 km×100 km(Onstott and Shuchman，2004)。

5.4.4　海冰密集度

海冰密集度是夏季航行需要的最重要的参数之一。目前，海冰密集度通常利用被动式微波遥感数据进行计算，但是被动微波遥感的空间分辨率很低，对于一些区域尤其是近岸区域来讲，计算得到的海冰密集度精度过低。高分辨率的SAR遥感图像能够探测小范围海冰特征，因此相应的SAR海冰密集度反演算法在近几年也取得可喜成果。

海冰密集度算法最重要的就是区别开阔海水和各种类型的海冰。海水和海冰都具有大范围的后向散射，两者的主要区别源于海面风速和海冰特征。对于具有不同波段、入射角和极化方式的 SAR 遥感图像，其雷达后向散射截面也有所不同。例如，对工作在 C 波段、VV 极化和入射角为 20°～26°的 ERS－1 SAR 遥感图像而言，低风速条件下，海水比海冰的雷达后向散射截面显著降低。在风速度达到 2 m/s 时，开阔海水的雷达后向散射截面增长至与海冰类似。当风速增至 5 m/s，海水的雷达后向散射截面高于大部分类型的海冰。因此，在 SAR 遥感图像中，海水的雷达后向散射截面可能高于海冰，也有可能低于海冰。在低风速条件下，开阔海水看起来比海冰暗，而在强风时海水看起来比海冰亮。Sandven 等(1999)指出，通常情况下，ERS SAR 遥感图像中开阔海水的标准化雷达后向散射截面高于各种类型的海冰 3.0～4.5 dB。在海水融化季节，SAR 遥感图像可用于分离开阔海水和海冰，而在海冰冻结期间，仅有厚海冰的海冰密集度可以用 SAR 遥感图像来估算。

由于开阔海水比海冰的极化比(VV 极化与 HH 极化方式下后向散射截面之比值)高，所以极化比也可以用来区分海水和海冰，当然此时要剔除海面风速造成的海水表面粗糙度，而 Soh 等(2004)提出 HV 极化 SAR 遥感图像也具备同样能力。

利用 SAR 遥感图像提取海冰密集度的算法包括平均比率方法、动态局部区域阈值方法和小波分析方法等。在平均比率方法中，大范围的海冰密集度取决于开阔海水和海冰的平均后向散射截面值。在动态局部区域阈值方法中，海冰密集度取决于基于区域密度分布的海水和海冰的适应性阈值。在小波分析方法中，浮冰边缘也可以被探测到。

Johannessen 等(1996, 2000)提出的 SAR 海冰密集度反演算法中，利用了两个阈值来分离开阔海水和厚冰。在风速较高时，使用高阈值描述大部分被海面风速粗糙化的海面，将其标记为无冰区，即此海域中只有泥泞状冰和平静开阔海水。SAR 遥感图像像素值介于高低之间的值表征泥泞状海冰，同时采用在海水和海冰后向散射特征类似时候的气象信息作为辅助数据，用以区分海水和海冰。图 5.18(a)是利用该算法对 Radarsat－1 ScanSAR 遥感图像进行分析后得到的海冰密集度分布结果。图 5.18(b)是利用 NORSEX 算法对同一天、同一地区的 SSM/I(Special Sensor Microwave/Imager)数据分析后得到的海冰密集度分布结果。通过二者的对比发现，SAR 遥感图像能提供空间分辨率为 6 km 的海冰密集度图，而 SSM/I 仅能提供空间分辨率为 10～20 km 的海冰密集度结果。由于薄冰与开阔海水的后向散射强度都偏低，因此海冰密集度算法通常只能估算一年冰或者其他类型厚冰的密集度。

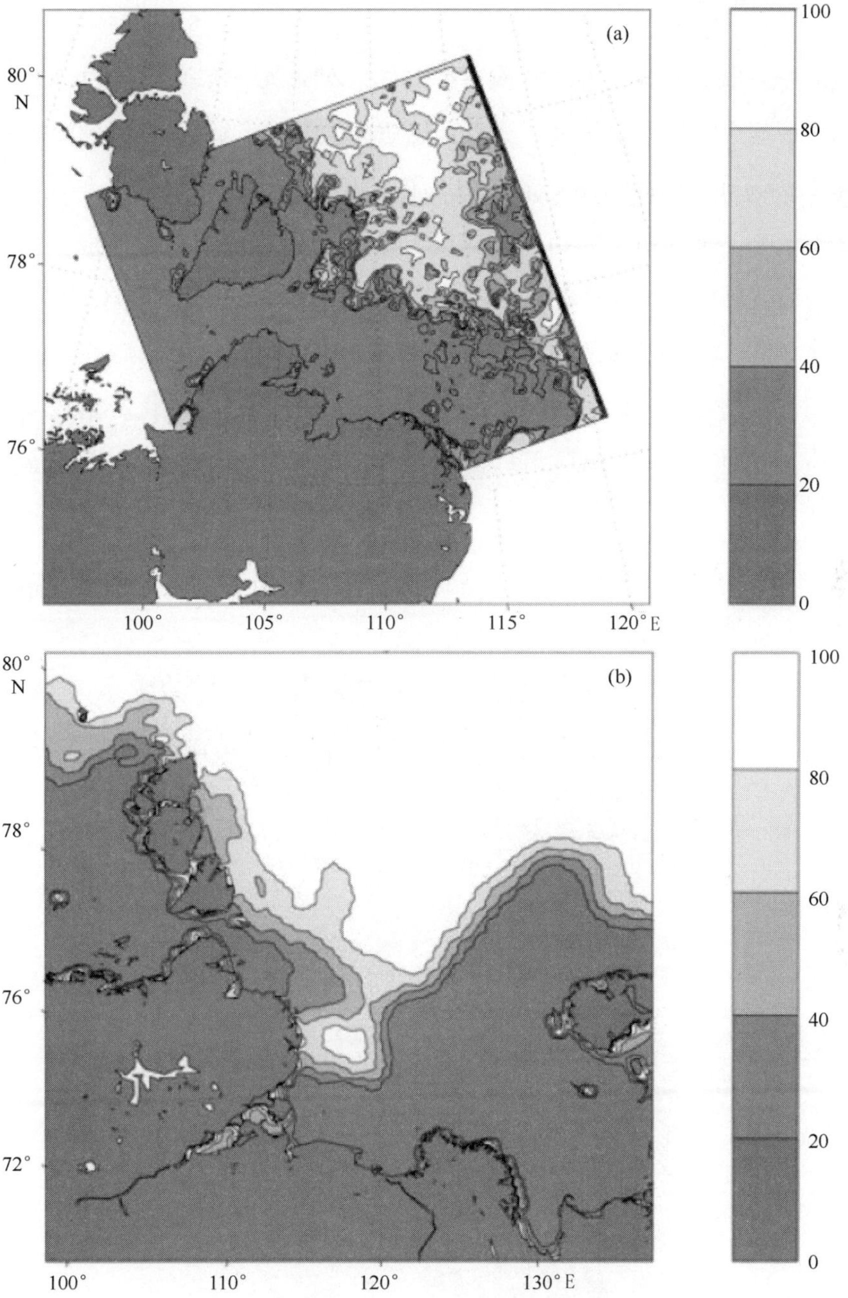

图5.18　1997年9月17日海冰密集度分布图

(a)SAR海冰密集度反演算法分析Radarsat-1 ScanSAR遥感图像得到的海冰密集度分布情况；(b)利用NORSEX算法分析SSM/I数据得到的海冰密集度结果

5.4.5 海冰漂移

海冰漂移一般是通过分析两幅或多幅时间序列遥感图像获取，通过比较图像中海冰的共同特征确定海冰移动距离。基于上述思想，几种 SAR 遥感图像海冰自动追踪技术应运而生。Curlander 等(1985)最早指出了 SAR 监测海冰运动的潜在可能。此后，又有学者提出了基于地区相关性的算法，该方法适用于北极海域那种紧密海冰，而那些细碎海冰或者旋转的大块浮冰海域运用结果较差。Thomas 等(1995)则利用少量 SAR 遥感图像对澳大利亚海域海冰的漂移进行了初步研究。此外，海冰漂移反演算法也可基于特征追踪，此类算法要首先对 SAR 遥感图像进行分割和向量化分割边缘，然后将不同的技术应用于时序分割区域进行匹配。另外，SAR 干涉测量法在海冰运动研究中也得到了广泛应用。

图 5.19 是 1994 年 2 月 24 日和 2 月 27 日获得的同一海域的两景 ERS－1 SAR 遥感图像，经计算海冰漂移速度为 5.7 cm/s。

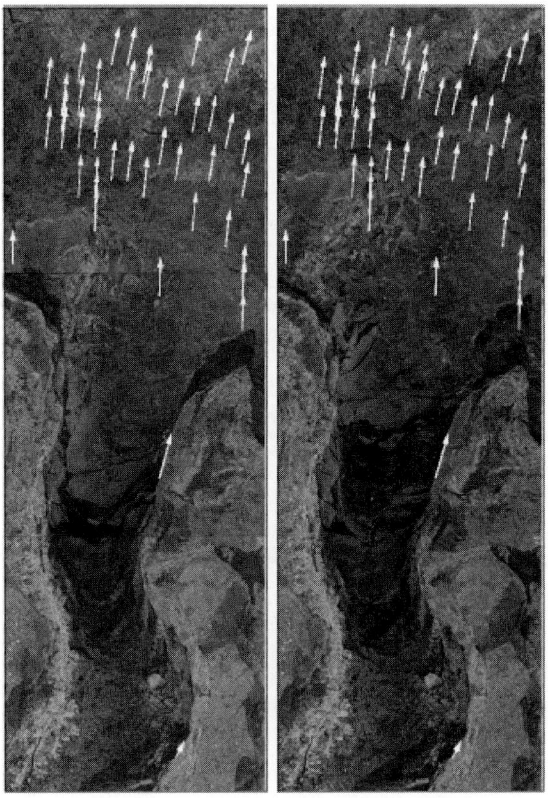

图 5.19　1994 年 2 月 24 日和 2 月 27 日获得的同一海域两景 ERS－1 SAR 遥感图像

5.5　小结

SAR在海冰监测中有着显著的优势，这是因为相对光学遥感而言，SAR可以穿透云雾，在各种天气条件下进行海冰监测；而相对被动式微波遥感来讲，SAR遥感图像具有更高的空间分辨率，可以提供特定小范围海域的船只导航数据。由于SAR遥感图像会受到海面风场等环境因素的影响，因此环境数据可作为补充辅助数据来提高SAR海冰监测的准确率，而其他类型的遥感数据也可作为辅助信息来使用并用于交叉验证。

SAR具有区分海冰和海水以及不同类型海冰的能力，利用SAR进行海冰遥感监测可得到海冰类型、密集度和漂移速度等海冰参数，并可间接得到海冰厚度等信息。但也应看到目前各类SAR海冰监测算法还存在诸多不确定因素，这就需要进行更多的相关研究。随着更高分辨率、多波段、多极化SAR卫星的发射，可从SAR海冰遥感图像中获取更多的海冰信息，从而为开展海冰遥感监测提供重要依据。

参考文献

白珊，刘钦政，吴辉碇，等．2001．渤海、北黄海海冰与气候变化的关系．海洋学报，23(5)：33－41．

郭华东．2000．雷达对地观测理论与应用．北京：科学出版社．

国巧真，顾卫，李京，等．2008．基于遥感数据的渤海海冰灾害风险研究．灾害学，23(2)：10－18．

纪永刚，张杰，孟俊敏，等．2007．用AMSR数据极化比PSSM算法检测渤海海冰边缘线．海洋科学进展，25(2)：226－232．

纪永刚，张杰，孟俊敏，等．2007．辽东湾海冰类型SAR响应分析．遥感技术与应用，22(2)：95－120．

金亚秋，陈铁，张巍，等．2001．雷达卫星SAR与防卫气象卫星SSM/I对渤海海冰的观测研究．地球物理学报，44(2)：163－170．

李宁，谢峰，顾卫，等．2008．渤海海冰反射光谱基本特征的观测研究．光谱学与光谱分析，28(2)：356－360．

刘建强，吴奎桥，黄润恒．1999．RADARSAT卫星渤海海冰监测研究．海洋预报，16(3)：62－70．

刘喜迎. 2001. 北半球高纬地区海-冰-气相互作用的数值模拟研究. 北京：中国科学院大气物理研究所.

申小虎. 2006. SAR 海冰图像智能分类识别算法的研究. 大连：大连海事大学.

帅亮. 2005. 神经网络在 SAR 图像中识别海冰的应用. 大连：大连海事大学.

王爱明，索乐，杨文涛. 2007. 海洋监视监测 SAR 卫星任务初步分析. 遥感技术与应用，22(2).

王相玉，王文辉，江崇波，等. 2006. 2004—2005 年冬季南堡—曹妃甸海域海冰监测报告. 海洋预报，23(3)：14-21.

吴龙涛. 2004. 卫星遥感反演海冰及其在海冰模拟和预报中的应用. 北京：北京大学.

张启文，白珊，李宝辉，等，2006. 2005-2006 年冬季渤海冰情及海冰警报. 海洋预报，23：17-26.

张树祥，周森. 2003. 渤海航运中的海冰危害和防冰减灾对策. 冰川冻土，25(z2)：360-362.

张晰，张杰，纪永刚，等. 2008. 基于纹理特征分析的辽东湾 SAR 影像海冰检测. 海洋科学进展，26(3)：387-393.

Alexandrov V Y, S Sandven, K Kloster, et al. 2004. Comparison of sea ice signatures in OKEAN and Radarsat radar images for the northeastern Barents Sea. Canadian Journal of Remote Sensing, 30(6): 882-892.

Baraldi A, F Parmiggiani. 2001. Classification of sea-ice types in SAR imagery. Nuovo Cimento Della Societa Italiana Di Fisica C-Geophysics And Space Physics, 24(1): 113-121.

Barber D G, J J Yackel, J M Hanesiak. 2001. Sea ice, Radarsat-1 and Arctic climate processes: A review and update. Canadian Journal of Remote Sensing, 27(1): 53-63.

Beaven S G, S P Gogineni, S Tjuatja, et al. 1997. Model-based interpretation of ERS-1 SAR images of Arctic sea ice. International Journal of Remote Sensing, 18(12): 2 483-2 503.

Belchansky G I, D C Douglas. 2002. Seasonal comparisons of sea ice concentration estimates derived from SSM/I, OKEAN, and Radarsat data. Remote Sensing of Environment, 81(1): 67-81.

Bogdanov A V, S Sandven, O M Johannessen, et al. 2005. Multisensor approach to automated classification of sea ice image data. IEEE Transactions on Geoscience and Remote Sensing, 43(7): 1 648-1 664.

Carlstrom A, L M H Ulander. 1993. C-band backscatter signatures of old sea ice in the central Arctic during freeze-up. IEEE Transactions on Geoscience and Remote Sensing, 31(4): 819-829.

Carlstrom A. 1997. Amicrowave backscattering model for deformed first-year sea ice and comparisons with SAR data. IEEE Transactions on Geoscience and Remote Sensing, 35(2): 378-391.

Cavalieri D J, P Gloersen, W J Campbell. 1984. Determination of sea ice parameters with the Nimbus-7 SMMR. Journal of Geophysical Research, 89: 5 355-5 369.

Chang T, C Kuo. 1993. Texture analysis and classification with tree – structured wavelet transform. IEEE Transaction on Image Processing, 2: 429 – 441.

Chase J R, R J Holyer. 1988. Estimation of sea ice type and concentration by linear unmixing of Geosat altimeter waveforms. Proceedings of IGARSS'88, 1 127 – 1 128.

Clausi D A, B Yue. 2004. Comparing co – occurrence probabilities and Markov random fields for texture analysis of SAR sea ice imagery. IEEE Transactions On Geoscience And Remote Sensing, 42 (1): 215 – 228.

Clausi D A. 2001. Comparison and fusion of co – occurrence, Gabor and MRF texture features for classification of SAR sea – ice imagery. Atmosphere – Ocean, 39(3): 183 – 194.

Cunningham G, R Kwok, B Holt. 1992. Preliminary results from the ASF/GPS ice classification algorithm. Proceedings of IGARSS'92, 573 – 575.

Curlander J C, B Holt, K J Hussey. 1985. Determination of sea ice motion using digital SAR imagery. IEEE Journal of Oceanic Engineering, 10(4): 358 – 367.

David G B, F L Ellsworth. 1991. SAR sea ice discrimination using texture statistics: A multivariate approach. Photogrammetric engineering & remote sensing, 57(4): 385 – 395.

De Abreu R A, D G Barber, KMisurak, et al. 1995. Spectral albedo of snow – covered first – year and multiyear sea ice during spring melt. Annals of Glaciology, 21: 337 – 342.

Deng H, D A Clausi. 2005. Unsupervised segmentation of synthetic aperture radar sea ice imagery using a novel Markov random field model. IEEE Transactions On Geoscience and Remote Sensing, 43 (3): 528 – 538.

Dierking W, T Busche. 2006. Sea ice monitoring by L – band SAR: An assessment based on literature and comparisons of JERS – 1 and ERS – 1 imagery. IEEE Transactions on Geoscience and Remote Sensing, 44 (4): 957 – 970.

Eicken H, I Domitrenko, K Tyshko, et al. 2005. Znation of the Laptev Sea landfast ice cover and its importance in a frozen estuary. Global and Planetary Change, 48(1 – 3): 55 – 83.

Eicken H, R Gradinger, A Gaylord, et al. 2005. Sediment transport by sea ice in the Chukchi and Beaufort Seas: Increasing importance due to changing ice conditions? Deep – Sea Research Part II – Topical Studies in Oceanography, 52(24 – 26): 3 281 – 3 302.

Eppler D T, L D Farmer, A W Lohanick, et al. 1992. Passive microwave signatures of sea ice. In: Microwave Remote Sensing of Sea Ice. Carsey F D, ed. Washington: American Geophysical Union, 47 – 72.

Falco T, F Francis, S Lovejoy, et al. 1996. Universal multifractal scaling of synthetic aperture radar images of sea – ice. IEEE Transactions on Geoscience and Remote Sensing, 34(4): 906 – 914.

Fetterer F M, D Gineris, R Kwok. 1994. Sea – ice type maps from Alaska synthetic aperture radar Facility imagery – an assessment. Journal of Geophysical Research – Oceans, 99(C11): 22 443 – 22 458.

Fily M, D A Rothrock. 1986. Extracting sea ice data from satellite SAR imagery. IEEE Transactions on Geoscience and Remote Sensing, 24(6): 849 – 854.

Geiger C A, M R Drinkwater. 2005. Coincident buoy – and SAR – derived surface fluxes in the western Weddell Sea during Ice Station Weddell 1992. Journal of Geophysical Research – Oceans, 110(C4).

Gill R S, H H Valeur. 1999. Ice cover discrimination in the Greenland waters using first – order texture parameters of ERS SAR images. International Journal of Remote Sensing, 20(2): 373 – 385.

Gill R S. 2001. Operational detection of sea ice edges and icebergs using SAR. Canadian Journal of Remote Sensing, 27(5): 411 – 432.

Gloersen P, W J Campbell, D J Cavalieri, et al. 1992. Arctic and Antarctic Sea Ice, 1978—1987: Satellite Passive Microwave Observations and Analysis. Vol. NASA SP – 511. Washington DC: National Aeronautics and Space Administration.

Gronvall H, A Seina. 1999. Towards optimal sea – ice monitoring in the Baltic Sea. Ices Journal of Marine Science, 56(2): 165 – 171.

Haas C, Q Liu, T Martin. 1999. Retrieval of Antarctic sea – ice pressure ridge frequencies from ERS SAR imagery by means of in situ laser profiling and usage of a neural network. International Journal of Remote Sensing, 20(15 – 16): 3 111 – 3 123.

Haneslak J M, J J Yackel, D G Barber. 2001. Effect of melt ponds on first – year sea ice ablation – Integration of Radarsat – 1 and thermodynamic modelling. Canadian Journal of Remote Sensing, 27(5): 433 – 442.

Hankansson B, M Moberg, T Thompson. 1995. Real – time use of ERS – 1 SAR imagery for ice service and icebreaking operations in the Baltic Sea. International Journal of Remote Sensing, 16(17): 3 441 – 3 458.

Hauser A, M Lythe, G Wendler. 2002. Sea – ice conditions in the Ross Sea during spring 1996 as observed on SAR and AVHRR imagery. Atmosphere – Ocean, 40(3): 281 – 292.

Haverkamp D, L K Soh, C Tsatsoulis. 1995. A comprehensive, automated approach to determining sea – ice thickness from SAR data. IEEE Transactions on Geoscience and Remote Sensing, 33(1): 46 – 57.

Haykin S, E O Lewis, R K Raney. 1994. Remote Sensing of Sea Ice and Icebergs. Wiley – Interscience Publication.

Herland E A, R Berglund. 1995. Demonstration of operational sea – ice monitoring in the Baltic Sea with ERS – 1 SAR. International Journal of Remote Sensing, 16(17): 3 427 – 3 439.

Johannessen O M, A M Volkov, L P Bobylev, et al. 2000. ICEWATCH: Real – time sea ice monitoring in the Northern Sea Route (A cooperative earth observation project between the Russian and the European Space Agencies). Earth Observation and Remote Sensing, 16(2): 269 – 281.

Johannessen O M, S Sandven, L H Pettersson, et al. 1996. Near – real – time sea ice monitoring in the Northern Sea Route using ERS – 1 SAR and DMSP SSM/I microwave data. Acta Astronautica, 38 (4 – 8): 457 – 465.

John C C, H Benjamin, J H Kevin. 1985. Determination of sea ice motion using digital SAR imagery. IEEE Journal of Oceanic Engineering, OE – 10(4): 358 – 367.

Kaleschke L, G Heygster. 2004. Towards multi – sensor microwave remote sensing of frost flowers on sea ice. Earth Observation and Remote Sensing, 39(2): 219 – 222.

Kandaswamy U, D A Adjeroh, A C Lee. 2005. Efficient texture analysis of SAR imagery. IEEE Transactions on Geoscience and Remote Sensing, 43(9): 2 075 – 2 083.

Karvonen J, M Simila. 2002. A wavelet transform coder supporting browsing and transmission of sea ice SAR imagery. IEEE Transactions on Geoscience and Remote Sensing, 40(11): 2 464 – 2 485.

Karvonen J, M Simila, M Makynen. 2005. Open water detection from Baltic Sea ice Radarsat – 1 SAR imagery. IEEE Geoscience and Remote Sensing Letters, 2(3): 275 – 279.

Kerbaol V, F Collard. 2005. SAR – derived coastal and marine applications: From research to operational products. IEEE Journal of Oceanic Engineering, 30(3): 472 – 486.

Kwok R. 2005. Ross Sea ice motion, area flux, and deformation. Journal of Climate, 18(18): 3 759 – 3 776.

Kwok R, G F Cunningham. 2002. Seasonal ice area and volume production of the Arctic Ocean: November 1996 through April 1997. Journal of Geophysical Research – Oceans, 107(C10).

Kwok R, G F Cunningham, S S Pang. 2004. Fram Strait sea ice outflow. Journal of Geophysical Research – Oceans, 109(C1).

Kwok R, G F Cunningham, S V Nghiem. 2003. A study of the onset of melt over the Arctic Ocean in Radarsat synthetic aperture radar data. Journal of Geophysical Research – Oceans, 108(C11).

Kwok R, G F Cunningham, W D Hibler. 2003. Sub – daily sea ice motion and deformation from Radarsat observations. Geophysical Research Letters, 30(23).

Kwok R, S Nghiem, S Yueh, et al. 1994. Retrieval of thin ice thickness from multi – frequency polarimetric

SAR data. Remote Sensing of Environment, 51(3): 361 – 374.

Kwok R, T Baltzer. 1995. The geophysical processor system at the Alaska – SAR – Facility. Photogrammetric Engineering and Remote Sensing, 61(12): 1 445 – 1 453.

Kwok R, G F Cunningham. 1994. Backscatter characteristics of the winter sea ice cover in the Beaufort. Journal of geophysical Research – Oceans, 99.

Lepparanta M, Y Sun, J Haapala. 1998. Comparisons of sea – ice velocity fields from ERS – 1 SAR and a dynamic model. Journal of Glaciology, 44(147): 248 – 262.

Lindsay R W, H L Stern. 2003. The Radarsat geophysical processor system: Quality of sea ice trajectory and deformation estimates. Journal of Atmospheric and Oceanic Technology, 20(9): 1 333 – 1 347.

Liu A K, S Martin, R Kwok. 1997. Tracking of ice edges and ice floes by wavelet analysis of SAR images. Journal of Atmospheric and Oceanic Technology, 14(5): 1 187 – 1 198.

Livingstone C E. 1994. Synthetic aperture radar images of sea ice. In: Remote Sensing of Sea Ice and Icebergs. Haykin S, E O Lewis, R K Raney, eds. Wiley – Interscience Publication, 540 – 569.

Lundhaug M. 2002. ERS SAR studies of sea ice signatures in the Pechora Sea and Kara Sea region. Canadian Journal of Remote Sensing, 28(2): 114 – 127.

Lythe M, A Hauser, G Wendler. 1999. Classification of sea ice types in the Ross Sea, Antarctica from SAR and AVHRR imagery. International Journal of Remote Sensing, 20(15 – 16): 3 073 – 3 085.

Maillard P, D A Clausi, H W Deng. 2005. Operational map – guided classification of SAR sea ice imagery. IEEE Transactions on Geoscience and Remote Sensing, 43(12): 2 940 – 2 951.

Makyene M P, A T Manninen, M H Simila, et al. 2002. Incidence angle dependence of the statistical properties of C – band HH – polarization backscattering signatures of the Baltic Sea ice. IEEE Transactions on Geoscience and Remote Sensing, 40(12): 2 593 – 2 605.

Makynen M, M Hallikainen. 2004. Investigation of C – and X – band backscattering signatures of Baltic Sea ice. International Journal of Remote Sensing, 25(11): 2 061 – 2 086.

Matsuoka T, S Uratsuka, M Satake, et al. 2001. CRL/NASDA airborne SAR (Pi – SAR) observations of sea ice in the Sea of Okhotsk. IEEE Transactions on Geoscience and Remote Sensing, 33(12): 115 – 119.

Matsuoka T, S Uratsuka, M Satake, et al. 2002. Deriving sea – ice thickness and ice types in the Sea of Okhotsk using dual – frequency airborne SAR (Pi – SAR) data. IEEE Transactions on Geoscience and Remote Sensing, 34(12): 429 – 434.

Melling H. 1998. Detection of features in first – year pack ice by synthetic aperture radar (SAR). International Journal of Remote Sensing, 19(6): 1 223 – 1 249.

Morris K, S S Li, M Jeffries. 1999. Meso – and microscale sea – ice motion in the East Siberian Sea as determined from ERS – 1 SAR data. Journal of Glaciology, 45(150): 370 – 383.

Nakamura K, H Wakabayashi, K Naoki, et al. 2005. Observation of sea – ice thickness in the Sea of Okhotsk by using dual – frequency and fully polarimetric airborne SAR (Pi – SAR) data. IEEE Transactions on Geoscience and Remote Sensing, 43(11): 2 460 – 2 469.

Nghiem S V, C Bertola. 2001. Study of multi – polarization C – band backscatter signatures for Arctic sea ice mapping with future satellite SAR. Canadian Journal of Remote Sensing, 27(5): 387 – 402.

Onstott R G, R A Shuchman. 2004. SAR measurement of sea ice. In: Synthetic Aperture Radar Marine User's Manual. Christopher R J and J R Apel, eds. Washington DC: U. S. Department of Commerce, 139 – 170.

Parksinson C L, D J Cavalieri. 2002. A 21 year record of Arctic sea – ice extents and their regional, seasonal and monthly variability trends. Annals of Glaciology, 34: 441 – 446.

Parkinson C L, P Gloersen. 1993. Global sea ice overage. In: Atlas of Satellite Observations Related to Global Change. Gurney R, J L Foster, C L Parkinson, eds. Cambridge: Cambridge University Press.

Perovich D K. 1990. The evolution of sea ice optical properties during fall freeze – up. SPIE, Ocean Optics X, 1302: 520 – 531.

Ramsay B, D Flett, H S Andersen, et al. 2004. Preparation for the operational use of Radarsat – 2 for ice monitoring. Canadian Journal of Remote Sensing, 30(3): 415 – 423.

Rees W G. 2005. Remote sensing of snow and ice. Taylor & Francis Group.

Riggs G A, H Dorothy, K Ackerman, et al. 1999. Sea ice extent and classification mapping with the Moderate Resolution Imaging Spectroradiometer airborne simulator. Remote Sensing of Environment, 6(8): 152 – 163.

Rignot E, M R Drinkwater. 1994. Winter Sea – Ice Mapping From Multiparameter Synthetic – Aperture Radar Data. Journal of Glaciology, 40(134): 31 – 45.

Sandven S, O M Johannessen, M W Miles, et al. 1999. Barents Sea seasonal ice zone features and processes from ERS 1 synthetic aperture radar: Seasonal Ice Zone Experiment 1992. Journal of Geophysical Research – Oceans, 104(C7): 15 843 – 15 857.

Sandven S, O Dalen, M Lundhaug, et al. 2001. Sea ice investigations in the Laptev Sea area in late summer using SAR data. Canadian Journal of Remote Sensing, 27(5): 502 – 516.

Scharien R K, J J Yackel. 2005. Analysis of surface roughness and morphology of first – year sea ice melt ponds: Implications for microwave scattering. IEEE Transactions on Geoscience and Remote Sensing, 43

(12): 2 917 - 2 939.

Scheuchl B. 2003. Utilization of Multi - Polarization and Polarimetric Data for Sea Ice Monitoring in An Operational Environment Final Report, MDA Report RX - RP - 5124919 1/0 for Canadian Space A gency.

Scheuchl B, D Flett, R Caves, et al. 2004. Potential of Radarsat - 2 data for operational sea ice monitoring. Canadian Journal of Remote Sensing, 30(3): 448 - 461.

Scheuchl B, I Hajnsek, I Cumming. 2002. Sea ice classification using multi - frequency polarimetric SAR data. Proceedings of IGARSS'02, 1 914 - 1 916.

Schulz - Stellenfleth J, S Lehner. 2002. Spaceborne synthetic aperture radar observations of ocean waves traveling into sea ice. Journal of Geophysical Research - Oceans, 107(C8).

Sephton A J, L M J Brown, J T Macklin, et al. 1994. Segmentation of synthetic - aperture radar imagery of sea - ice. International Journal of Remote Sensing, 15(4): 803 - 825.

Shokr M E, Y B Ramsa, J C Falkingham. 1996. Operational use of ERS - 1 SAR images in the Canadian ice monitoring programme. International Journal of Remote Sensing, 17(4): 667 - 682.

Shokr M E. 1990. On sea - ice texture characterization from SAR images. IEEE Transactions on Geoscience and Remote Sensing, 28(4): 737 - 740.

Shuchman R A, R G Onstott, O M Johannessen, et al. 2004. Processes at the ice edge - the Arctic. In: Synthetic Aperture Radar Marine User's Manual. Christopher R J, J R Apel, eds. Washington DC: U. S. Department of Commerce, 373 - 395.

Simon Haykin, Edward O Lewis. 1995. Remote sensing of sea ice and icebergs. Wiley: Interscience Publication.

Soh L K, C Tsatsoulis. 1999. Unsupervised segmentation of ERS and Radarsat sea ice images using multi - resolution peak detection and aggregated population equalization. International Journal of Remote Sensing, 20(15 - 16): 3 087 - 3 109.

Soh L K, C Tsatsoulis, D Gineris, et al. 2004. ARKTOS: An intelligent system for SAR sea ice image classification. IEEE Transactions on Geoscience and Remote Sensing, 42(1): 229 - 248.

Steffen K, J Heinrichs. 2001. C - band SAR backscatter characteristics of Arctic Sea and land ice during winter. Atmosphere - Ocean, 39(3): 289 - 299.

Stern H L, R E Moritz. 2002. Sea ice kinematics and surface properties from Radarsat synthetic aperture radar during the SHEBA drift. Journal of Geophysical Research - Oceans, 107(C10).

Tang C L. 2001. Ice patches on the Northeast Newfoundland Shelf observed by Radarsat. Canadian Journal of Remote Sensing, 27(1): 46 - 52.

Thomas J P, J Turner, T A Lachlan – Cope, et al. 1995. High resolution observations of Weddell Sea surface currents using ERS – 1 SAR sea – ice motion vectors. International Journal of Remote Sensing, 16(17): 3 409 – 3 425.

Timco G W, R M W Frederking. 1996. A review of sea ice density. Cold Regions Science and Technology, 24 (1): 1 – 6.

Tsatsoul I C, L K Soh. 1999. Texture analysis of sar sea ice imagery using gray level co – occurrence matrices. IEEE Transactions on Geoscience and Remote Sensing, 37 (2): 780 – 795.

Van Dyne M M, C Tsatsoulis, F Fetterer. 1998. Analyzing lead information from SAR images. IEEE Transactions on Geoscience and Remote Sensing, 36(2): 647 – 660.

Vant M R, R B Gray, R O Ramseler, et al. 1974. Dielectric properties of fresh sea ice at 10 and 35 GHz. Journal of Applied Physics, 45: 4 712 – 4 717.

Vant M R, R O Ramseier, V Makios. 1978. The complex dielectric constant of sea ice at frequencies in the range 0. 1 ~ 40 GHz. Journal of Applied Physics, 49: 1 264 – 1 280.

Vesecky J F, M P Smith, R Samadani. 1990. Extraction of lead and ridge characteristics from SAR images of sea ice. IEEE Transactions on Geoscience and Remote Sensing, 28(4): 740 – 744.

Vincent F, D Raucoules, T Degroeve, et al. 2004. Detection of river/sea ice deformation using satellite interferometry: limits and potential. International Journal of Remote Sensing, 25(18): 3 555 – 3 571.

Wakabayashi H, T Matsuoka, K Nakamura, et al. 2004. Polarimetric characteristics of sea ice in the Sea of Okhotsk observed by airborne L – band SAR. IEEE Transactions on Geoscience and Remote Sensing, 42 (11): 2 412 – 2 425.

Weeks W F, S F Ackley. 1982. The growth, structure and properties of sea ice. In: USA CRREL Monograph 82 – 1 Hanover, NH.

Williams R N, K J Michael, S Pendlebury, et al. 2002. An automated image analysis system for detecting sea – ice concentration and cloud cover from AVHRR images of the Antarctic. International Journal of Remote sensing, 23(4): 611 – 625.

Williams R N, W G Rees, et al. 1999. A technique for the identification and analysis of icebergs in synthetic aperture radar images of Antarctica. International Journal of Remote Sensing, 20(15 – 16): 3 183 – 3 199.

Winebrenner D P, B Holt, E D Nelson. 1996. Observation of autumn freeze – up in the Beaufort and Chukchi Seas using the ERS 1 synthetic aperture radar. Journal of Geophysical Research – Oceans, 101(C7): 16 401 – 16 419.

Winebrenner D P, E D Nelson, R Colony, et al. 1994. Observation of melt onset on multiyear Arctic sea ice using the ERS 1 synthetic aperture radar. Journal of geophysical research, 99(C11): 22 425 –22 441.

Wohl G M. 1995. Operational sea – ice classification from synthetic – aperture radar imagery. Photogrammetric Engineering and Remote Sensing, 61(12): 1 455 – 1 462.

Yu Q Y, CMoloney, F M Williams. 2002. SAR sea – ice texture classification using discrete wavelet transform based methods. Proceedings of IGARSS'02, 5: 3 041 – 3 043.

第 6 章

海面溢油

随着世界石油消费和海上石油运输的持续增长，海上溢油事故频繁发生，污染规模也不断扩大。每年约 90% 的原油和相关石油产品通过海上油轮运输到全球各地，而海上油田也不断被勘探和开采，这些都不可避免地导致海上溢油事故的发生（图 6.1）。据统计，1974—2004 年，全球共发生船舶溢油事故 9 266 起，其中溢油量超过 700 t 的溢油事故有 442 起。在我国，随着水上交通的发展、海上油田的勘探和开发，以及海洋渔业等生产活动的日益繁忙，发生重特大溢油污染事故的风险也在加大。据统计，2006 年航行于中国沿海水域的运输船舶达到 464 万艘次，其中各类油轮超过 16 万艘次。在 1973—2006 年间，我国沿海共发生船舶溢油事故 2 635 起，其中溢油量 50 t 以上的重大事故 69 起，总溢油量达 37 000 多吨。这些溢油事故不仅造成了巨额的经济损失，而且给海洋环境和航行安全带来了巨大损害。因此，有必要对海上溢油状况进行实时监测，从而做到及早预防和应对。

由于海面溢油或生物油膜造成海面 Bragg 波的衰减，降低海面粗糙度，因此海面溢油在 SAR 遥感图像上一般表现为较暗的图像特征。目前 SAR 监测海洋溢油，主要应用是发现溢油污染、估算污染范围、监视污染扩散等，但在油膜厚度测定和油种类分辨等方面还无法定量应用。

利用海面溢油的时间序列 SAR 遥感图像，可以分析溢油的位置、源头和扩散范围，并将溢油与其他引起 SAR 遥感图像上较暗特征的现象区分开来（Cheng et al.，2011，2014；Xu et al.，2013，2015）。

图 6.1　原油正从一艘油轮上泄漏

6.1　溢油的性质

溢油是指排入海洋环境(或河流)的油。OPRC(Oil Pollution Preparedness, Response and Cooperation)公约对油的定义是指任何形式的石油，包括原油、燃料油、油泥、油渣和炼制产品。本书中溢油主要指原油及其炼制品，并不包括动物油和植物油。溢油的物理、化学特性和其溢入海洋环境中的变化，使其在海面上有着与其他物质不同的情形，即溢油在海面上会形成非均匀分布的情形——中间部分比边缘部分厚，类似薄透镜形状，并且大部分溢油聚集在溢油点的下风向。这种现象不是溢油的单一特性和海洋环境单一因素决定的，而是多种因素综合作用的结果。

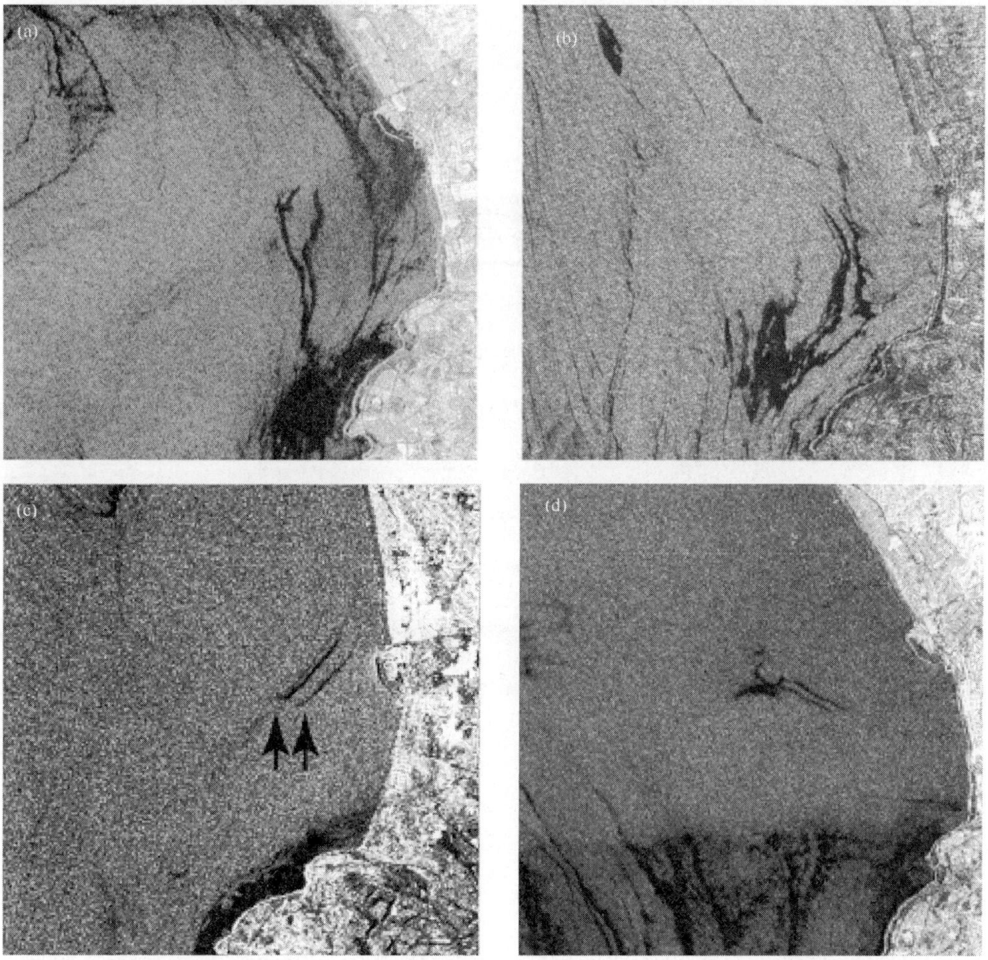

图 6.2　洛杉矶雷东多海滩附近自然矿物油渗漏的 SAR 遥感图像

(a)1998 年 12 月 26 日 Radasat－1 SAR 遥感图像；(b)2001 年 8 月 2 日 ERS－2 SAR 遥感图像；(c)2002 年 1 月 27 日 01:41 UTC Radarsat－1 SAR 遥感图像；(d)2002 年 1 月 27 日 14:00 UTC Radarsat－1 SAR 遥感图像

注：从图(c)和图(d)可以看出油渗漏的两个相邻的源。由于海底油渗呈现出与海面溢油相似的分布特征，仅从单景 SAR 遥感图像中难以将油渗漏与其他生物表面膜特征区分开来，但时间序列的 SAR 遥感图像可以清楚地显示油的渗漏位置、源头及大概扩散趋势，并将溢油与其他引起 SAR 遥感图像上较暗特征的现象区分开来。

6.1.1　溢油等级分类

国际溢油根据其规模和所需的资源可分为 3 个级别：1 级指能够通过使用该地的溢油应急部门加以处理和控制的较小的溢油事故；2 级指需要地区内其他溢油应急部门协

助处理和控制的较大型的溢油事故;3 级指需要国内甚至国际溢油应急部门协助处理和控制的大型或灾难性的溢油事故。

国内溢油则按照溢油量分为以下 3 个级别:小型溢油指溢油量 10 t 以下;中型溢油指溢油量 10 ~ 100 t;大型溢油指溢油量 100 t 以上。

6.1.2 溢油对海洋环境的危害

海面溢油造成的污染对海洋环境和海洋生物资源的危害相当严重,从自然环境到野生动物,从自然资源到养殖资源等都会受到不同程度的危害,并且这种危害的周期往往很长(Xu et al.,2010;Cheng et al.,2018)。一起大规模溢油污染事故能引起大面积海域严重缺氧,造成局部海洋“沙漠化”,致使大量鱼虾、海鸟死亡;浮油被海浪冲到海岸,粘污海滩,造成海滩荒芜,破坏海产养殖和盐田生产,污染、毁坏滨海旅游区。因此,溢油事故发生时,必须立即采取应急措施。

溢油对海洋环境的危害程度与溢油类型和环境因素有关。溢油种类不同,对环境造成的危害也不同。例如,重燃料油含芳香烃化合物的量比其他油高,而芳香烃化合物与油中的其他烃类成分相比,具有易溶于水、易扩散、生物难以降解、对生物毒性大等特点。如果溢油为重燃料油,不能及时得到处理,对海洋环境的污染危害要比其他类型的溢油大。溢油对环境的危害程度还与环境自身的特征有关。溢油发生地点是否是敏感区,溢油发生的季节是否是鱼类产卵期、收获期,及其不同的海况条件,都影响溢油的危害程度。而相同规模的溢油事故,发生在开阔海域要比发生在封闭水域的危害程度低;发生在海洋生物生长期要比发生在其产卵繁殖期危害低。

6.2 溢油遥感监测

溢油遥感监测根据所携带的传感器类型可分为光学遥感和微波遥感,其中光学遥感包括可见光、红外、紫外和激光遥感,微波遥感包括辐射计和雷达遥感。

6.2.1 光学遥感

6.2.1.1 可见光遥感

可见光遥感监测海面溢油的主要优点在于价格低廉,缺点是可见光遥感受到天气情况的限制，并且照相机或摄像机不能有效区分溢油和背景海水，存在大量干扰或虚假信息，如太阳耀斑和风产生的海表面亮斑、海表水草或水下海藻床等生物物质。此外，海岸上的溢油也往往与海草等物质难以区分开来。

目前，通过可见光多光谱、高光谱波段分析以提高溢油的遥感探测和识别能力。但可见光探测溢油只能在白天工作，因此可见光溢油遥感探测能力是有限的。但可见光遥感在提供溢油定性描述和相对位置等方面是一种较为经济和实用的技术手段。

6.2.1.2 红外遥感

溢油在其表面形成一层膜吸收太阳辐射，并作为热源释放所吸收的辐射的一部分。用红外成像，厚的油膜呈现热态。太薄的油膜用红外探测不到，可探测到的最薄油膜厚度为20～50 μm。大量的实验表明，溢油发生后，油膜在水面上多呈现风条状，因此红外传感器的空间分辨率是至关重要的。

红外遥感技术监测海面溢油的优点在于其价格低廉，且传感器重量也越来越轻，无需对飞行平台进行改造，且可全天候进行溢油探测。其缺点是红外传感器不能区分海洋里的浮游植物与溢油。

6.2.1.3 紫外遥感

与海水相比，油膜对紫外辐射的反射很高，即使油膜厚度小于0.05 μm也可利用紫外传感器来区分油膜和海水。因此，将紫外遥感图像和红外遥感图像匹配在一起，可生成一个溢油油膜相对厚度的分析结果。

紫外遥感技术监测海面溢油的主要优点是可与红外遥感图像结合，这样比使用单一技术更加有效。其缺点是不能区分海面和海上溢油对太阳的闪光，更不能区分水生植物、水下海草与海上溢油。

6.2.1.4 激光遥感

激光发射的激光束波长多在紫外区(300～355 nm)，对不同物质，由上述激光束诱发的荧光波长不同。水生植物与溢油的激光诱发荧光光谱具有明显的不同，因此可区分水生植物与溢油。激光遥感技术的这个特点是其他遥感技术都不具备的。

利用激光诱发的不同荧光光谱可辨别出油的种类，还能探测海滩、海冰上的溢油，该特点是唯一的。其缺点是激光传感器自身重量较大，价格较昂贵。

6.2.2 微波遥感

6.2.2.1 微波辐射计

海洋本身发射微波辐射，而海面油层会发射比水体本身更强的微波信号(水的发射率为0.4，而油的发射率为0.8)，因而使之呈现为暗背景下的亮信号。此外，由于油层发射的信号本身随油层厚度而变化，因此理论上可以用来测量油层的厚度。其缺点是探测厚度必须知道多个环境参数和油类的特定参数，并且其空间分辨率较低，因而该方法在实际应用中具有一定的限制。

6.2.2.2 雷达

用于溢油和环境探测的雷达主要是SAR和RAR。从物理化学和水动力学的角度来看，海洋表面油膜最显著的特点就是表面油膜的存在使产生Bragg散射的短表面波受到阻尼，从而改变海面粗糙度。表面油膜起到平滑海洋表面的作用，使雷达接收到后向散射回波减少，反映在SAR遥感图像上，油膜区的图像亮度值低于周围海面特征的亮度值，而表现出黑色的斑块特征。如果海面存在油膜，在风速合适的情况下，SAR能够探测海面油膜(图6.3)。

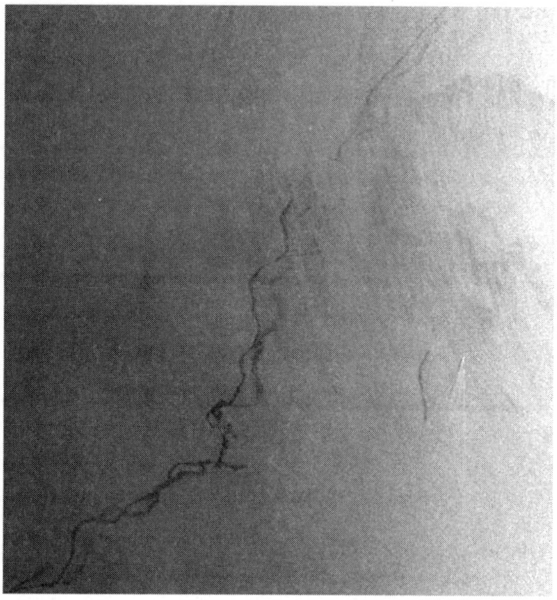

图6.3　2008年3月28日ENVISAT ASAR监测到的海面溢油遥感图像

SAR 监视海上溢油的优点是全天时、全天候，这是任何其他监视工具所不能比拟的。

6.3 SAR 海面溢油探测机理

海面油膜最显著的特点就是对海面毛细波和短重力波的阻尼作用。由于海面风应力和重力作用，海面会产生细微的波浪，即表面张力波和短重力波。如果海面上存在油膜，在波浪的作用下，表面油膜会发生伸缩，增大波浪阻尼的动力弹性。而且海面油膜的存在可大大降低表面张力波的生长率(Garrett，1976)。表面张力波和短重力波在雷达波段的信号为强后向散射性，在雷达遥感图像上表现为亮色。当海面上覆盖一层油膜时，海面张力波和短重力波由于受到阻尼，海面变得更为平滑，海面糙度减小，使得溢油区域在雷达信号波段的后向散射降低，即海面的雷达后向散射截面降低，该部分海域对应的 SAR 遥感图像灰度降低，颜色变暗。从而在 SAR 遥感图像上的海面溢油通常呈现为颜色较暗的斑点、斑块或条形状(图 6.3)。利用这个特征，可在 SAR 遥感图像上识别溢油区域。

理论上，海面油膜通过降低具有 Bragg 波数的相应海面波高谱减少了雷达海面后向散射回波，表面油膜对海面的阻尼大小，可通过计算没有表面油膜时海面标准化雷达后向散射截面 σ^0 和海表面覆盖油膜时标准化雷达后向散射截面 σ^s 的比值得到。σ^0 和 σ^s 的比值可以表示为雷达波入射角 θ 的函数

$$\frac{\sigma^0}{\sigma^s} = \frac{\sigma_{SP}^0(\theta) + \sigma_B^0(\theta)}{\sigma_{SP}^s(\theta) + \sigma_B^s(\theta)} \tag{6.1}$$

式中，$\sigma_{SP}^0(\theta)$、$\sigma_B^0(\theta)$分别是镜面反射和 Bragg 散射的标准化雷达后向散射截面。在实际研究中，如果入射角较大，镜面反射可以忽略，即

$$\frac{\sigma^0(\theta)}{\sigma^s(\theta)} = \frac{E^0(2k\sin\theta,0)}{E^s(2k\sin\theta,0)} \tag{6.2}$$

式中，E^0 和 E^s 分别表示没有表面油膜和有表面油膜覆盖时的波高谱，k 为雷达波波数。上式表明，雷达后向散射截面的衰减等价于具有 Bragg 波数的相应海面短尺度波高谱的衰减(马广文等，2008)。

6.4 SAR 海面溢油信息提取

6.4.1 SAR 溢油信息提取方法

利用 SAR 遥感图像监测海面溢油一般分为人工监测和自动算法监测。监测过程大致可分为检测出疑似黑斑和验证所检测出的黑斑是溢油还是其类似物，并给出其可信度。在此之前需要首先对 SAR 遥感数据进行几何校正、辐射校正、滤波等预处理，然后对遥感图像进行目视解译，初步分辨出遥感图像中的油膜、类油膜和海水(Xu et al., 2016)。

6.4.1.1 人工监测

从 1994 年开始，挪威 KSAT 公司就开始提供手动监测溢油服务，主要通过分析 SAR 遥感图像找出石油污染的海域。在具体分析过程中，需要掌握一些外部信息，如海面风速、风向、当地钻井平台和输油管道的位置以及海岸线边界等。找到疑似黑斑后，根据黑斑的形状特征、与背景海域的对比度和一致性，及当时的风速、风向等信息，把疑似黑斑划分为高、中、低 3 个等级来确认溢油的可信度。

6.4.1.2 自动监测

虽然人工监测海面溢油的精度比较高，但是需要花费很长时间，并且工作人员必须经过长时间的专业训练。随着越来越多 SAR 卫星发射升空，我们获得了海量的 SAR 遥感图像，如果仍然依靠人工检测、判读显然是不现实的。因此，研究人员逐渐开展了海面溢油的自动监测算法研究。利用 SAR 遥感图像开展自动监测溢油的过程大致可以分为 3 个阶段：黑斑检测、黑斑特征提取和黑斑分类。其具体流程如图 6.4 所示，其中陆地掩膜过程指利用一个陆地掩膜数据来掩盖 SAR 遥感图像中的陆地区域，以消除陆地对自动监测的影响。

1)黑斑检测

黑斑检测需要找到并切割 SAR 遥感图像中所有的黑斑，这些黑斑将根据它们的特征被分为溢油和类似物。这一过程的关键在于找出黑斑和背景海洋环境的边缘所在，也就是 SAR 遥感图像中局部亮度变化最显著的部分。一般情况下，边缘主要存在于目

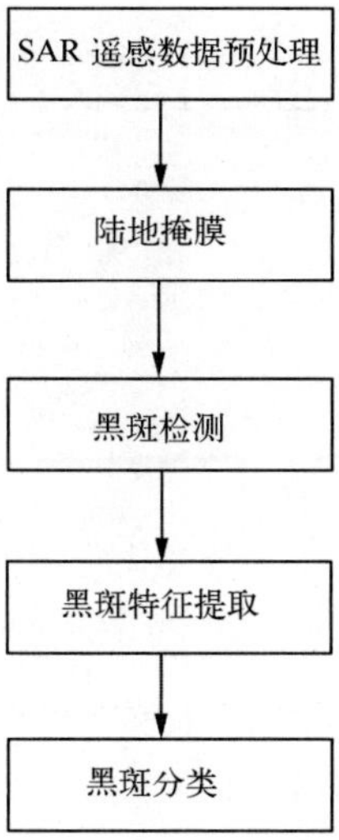

图 6.4　SAR 自动监测溢油过程流程图

标与目标、目标与背景、区域与区域之间，是图像分割、纹理特征提取和形状特征提取等图像分析的重要基础。遥感图像中的边缘通常与图像亮度或图像亮度一阶导数的不连续性有关。图像亮度的不连续可以分为：①阶跃不连续，即图像亮度在不连续处两边的像素灰度值有着显著的差异；②线条不连续，即图像亮度突然从一个值变化到另一个值，保持一个较小的行程后又返回到原来的值。

具体而言，基于计算的一阶导数，如果所求的一阶导数高于某一阈值，则可以确定该点为边缘点。但这样会导致检测的边缘点太多，此时可通过去除一阶导数中的非局部最大值，检测出更精确的边缘。一阶导数的局部最大值对应着二阶导数的零交叉点，这样通过找图像强度二阶导数的零交叉点就能找到精确边缘点(图 6.5)。例如，拉普拉斯算子是常用的二阶导数算子，当拉普拉斯算子输出结果出现过多零点时表明有边缘存在，但是要去除无意义的零点(灰度值为 0 的区域)。通过这个过程，会得到大量的黑斑，特别是有很多低风速的区域都会被检测出来。

2)黑斑特征提取

检测到黑斑后，需要计算这些黑斑的特征。描述黑斑特征的主要物理量有：

(1)黑斑面积 A：黑斑区域内所包含的像素数量就是黑斑的面积。

(2)黑斑复杂度 C：

$$C = \frac{P^2}{4\pi A} \tag{6.3}$$

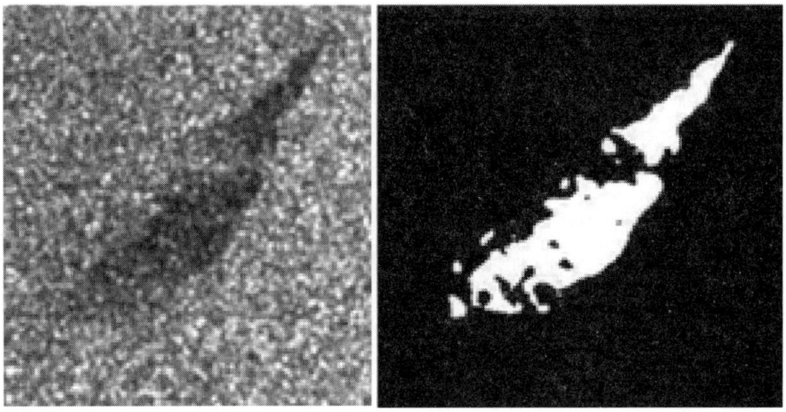

图6.5　从SAR遥感图像中检测出的黑斑

其中，P是黑斑的周长。

(3)黑斑的局部对比度：一个大尺寸窗口内像素平均值和黑斑内像素平均值的比值。

(4)边界梯度：黑斑区域边界梯度值(绝对值)的平均值。

(5)平滑对比度R_s：

$$R_s = \left(\frac{N_{bk}}{G_{bk}}\right) \Big/ \left(\frac{N_{bg}}{G_{bg}}\right) \tag{6.4}$$

其中，N_{bk}和N_{bg}分别是黑斑和背景的像素数量；G_{bk}和G_{bg}分别是黑斑像素梯度值之和与背景像素梯度值之和。

(6)黑斑能量均值比$PMR1$：

$$PMR1 = \sigma_s / \mu_s \tag{6.5}$$

其中，σ_s是黑斑的标准差；μ_s是黑斑的均值。

(7)环境的能量均值比$PMR2$：

$$PMR2 = \sigma_b / \mu_b \tag{6.6}$$

其中，σ_b是黑斑周围环境的标准差；μ_b是其像素的均值。

3)黑斑分类

在SAR遥感图像中，由于一些类似物也会产生与油膜一样的图像特征，因此需要把提取出来的黑斑特征作为参数代入分类算法中进行分类，这个过程称为黑斑分类。

6.4.2　SAR溢油遥感图像分类

遥感图像分类就是对遥感影像中各类地物光谱信息和空间信息进行分析和特征选择，并用一定的手段将特征空间划分为互不重叠的子空间，然后将图像中的各个像元划归到各个子空间去。遥感图像分类常用的方法主要有两种：一是目视解译；二是计算机自动识别分类。计算机自动识别分类又可以分为监督分类和非监督分类。其中，监督分类首先给定类别，而非监督分类则由图像数据的统计特征决定类别。由于非监督分类不如监督分类的精度高，所以监督分类使用得更为广泛(梁小祎，2007)。在遥感中最常用的监督分类方法有最小距离分类方法、最大似然分类方法和人工神经网络方法。

1)最小距离分类方法

最小距离分类是一种较简便易行的分类方法。该方法首先利用训练样本数据，计算出每一类别的均值向量及标准差向量，然后以均值向量作为各类别在特征空间中的中心位置，计算每个像元到各类中心的距离，然后把各像元归入到距离最小的一类中去。在该方法中距离是一个判别准则，在遥感图像分类处理中，应用广泛且比较简单的距离函数有欧几里德距离和绝对距离(混合距离)两种。

2)最大似然分类方法

最大似然分类是根据有关概率判别函数的贝叶斯准则对遥感图像进行识别分类，是至今应用最广的监督分类方法，又称贝叶斯分类。该方法首先逐点计算每个像元与特定类别(即已知的训练数据)像元之间的似然度，然后把像元划分到似然度最大的类别中去测定平均值、方差和协方差，求出像元数据(观测值)的似然度。似然度又称相似度，指像元划分到特定像元类别的条件概率。为了利用最大似然法分类，必须知道总体的概率密度函数，通过训练数据，找出最大似然度。

3)人工神经网络方法

人工神经网络(Artificial Neural Network，ANN)是模拟人脑神经元活动的过程，包括信息加工、处理、存储、搜索等过程。ANN以对信息的分布存储和并行处理为基础，具有自组织、自学习的功能，在许多方面更接近人对信息的处理方式。ANN的信息处理是由神经元之间的相互作用来实现的，知识和信息的存储表现为网络结构分布式的物理联系，网络的学习和决策过程取决于各神经元连接权值的动态变化过程。由于神经元通常采用非线性的作用函数，其动态运行则构成了一个非线性动力学系统，具有不可预测性、不可逆性、多吸引子等特点，从而可模拟大规模自适应非线性复杂系统。

近几年在遥感图像分类中应用较多的 ANN 分类模型主要有：基于多层感知器(MLP)的遥感图像分类模型，基于径向基函数(RBP)的遥感图像分类模型，基于学习向量分层-2 网络(LVQ2)的遥感图像分类模型，基于 Kohonen 自组织特征映射网络(KSOFM)的遥感图像分类模型，以及基于自适应共振模型(ART)的遥感图像分类模型等。

与最小距离分类和最大似然分类方法相比，ANN 方法由于具有自适应能力、泛化能力、非线性影射能力及高度并行能力，不仅能很好地区分出油膜、类油膜和海水三类物质，而且比传统分类方法的精度要高。

6.4.3 SAR 遥感图像纹理特征提取

在海面溢油 SAR 遥感图像中，油膜、类油膜和海水具有不同的纹理特征。一般来说，油膜和海水具有平滑、细腻而不破碎的纹理，而类油膜具有分散、高度破碎的纹理。因此可以根据不同物质的纹理特征，对溢油 SAR 遥感图像进行分类，从而提高 SAR 遥感图像的分类精度(梁小祎，2007)。

6.4.3.1 纹理的描述方法

纹理的描述方法大致可分为结构方法、谱方法和统计方法(舒宁，1998)。结构方法主要描述纹理单元及其周期性排列的空间几何特征和排列规则，如形态学、图论、拓扑等方法。谱方法则是建立在多尺度分析与时频分析基础之上的纹理分析方法，如 Gabor 变换、小波变换、分形学等。统计方法又可分为空间域方法和变换域方法，其中空间域方法是基于统计图像灰度级的分布情况，直接分析图像的灰度变化规律，其结构性用图像中纹理单元的空间频率或密度来度量，如直方图统计特征、边缘方向直方图特征、图像自相关函数法、灰度共生矩阵法、灰度-梯度共生矩阵法等。变换域方法是将图像变换到变换域中，然后提取相应的特征，如傅立叶变换法、余弦变换法、小波变换法等。空间域方法适用于结构特征比较明显的图像，变换域方法多用于随机性较大的图像。就目前发展趋势来看，统计方法仍占主导地位。

统计方法主要有灰度共生矩阵法、分形分维法和马尔可夫随机场法。其中灰度共生矩阵法是广泛应用的纹理统计分析方法，它研究的是图像中两个像元组合的灰度空间依赖性，其特点体现了在一定纹理模式下像素灰度的空间依赖关系。灰度共生矩阵描述的是 θ 方向上相隔 d 像元距离的一对像素灰度值分别为 i 和 j 的像元$(i,\ j)$出现的概率，其各元素值由式(6.7)确定：

$$p_{ij} = \frac{p(i,j,d,\theta)}{\sum_i \sum_j p(i,j,d,\theta)} \tag{6.7}$$

式中，$p(i,\ j,\ d,\ \theta)$表示灰度分别为 i 和 j，距离为 d 且在 θ 方向上的像素对出现的次数。

虽然灰度共生矩阵能揭示图像中纹理的规律，但其信息量太大，不能直接作为图像分类的数字特征，因此有必要在灰度共生矩阵的基础上定义一些有明显物理意义、能对纹理特征进行定量描述的统计量。表 6.1 给出了常用于纹理分析的 8 个统计量。

(1)对比度：反映图像纹理明暗之间对比程度的大小。较大的值代表较粗糙的纹理，较小的值代表较细腻、柔和的纹理。

(2)角二阶矩：反映对图像灰度分布均匀性的度量。图像纹理较粗时，角二阶矩值较大，反之则较小。

(3)熵：熵值与纹理的疏密有关，若图像没有任何纹理，则熵值接近为零；若图像充满细纹理，则该图像的熵值最大；若图像分布着较少的纹理，则该图像的熵值较小。

(4)相关性：用来衡量灰度共生矩阵的元素在行的方向上或列的方向上的相似程度。若图像具有水平方向的纹理，则图像在 $\theta=0°$ 的灰度共生矩阵的相关值大于在 $\theta=45°$、$\theta=90°$ 和 $\theta=135°$ 等其他方向上的灰度共生矩阵的相关值。

表 6.1　灰度共生矩阵纹理特征统计量

统计量	公式	统计量	公式
对比度	$f_{CON} = \sum_{i=0}^{M} \sum_{j=0}^{N} (i-j)^2 p(i,j,d,\theta)$	均值	$f_{MEAN} = \frac{1}{MN} \sum_{i=0}^{M} \sum_{j=0}^{N} p(i,j,d,\theta)$
角二阶矩	$f_{ASM} = \sum_{i=0}^{M} \sum_{j=0}^{N} p(i,j,d,\theta)^2$	方差	$f_{VAR} = \sum_{i=0}^{M} \sum_{j=0}^{N} (i-\mu)^2 p(i,j,d,\theta)$
熵	$f_{ENT} = \sum_{i=0}^{M} \sum_{j=0}^{N} p(i,j) \lg p(i,j,d,\theta)$	协同性	$f_{HOM} = \sum_{i=0}^{M} \sum_{j=0}^{N} \frac{p(i,j)}{1+(i-j)^2}$
相关性	$f_{COR} = \sum_{i=0}^{M} \sum_{j=0}^{N} \frac{(i-\mu)(j-\mu)p(i,j,d,\theta)}{\sigma^2}$	相异性	$f_{DIS} = \sum_{i=0}^{M} \sum_{j=0}^{N} \lvert i-j \rvert p(i,j)$

注：M、N 分别代表灰度共生矩阵的行列数。

$\mu = \sum_{i=0}^{M} \sum_{j=0}^{N} i \times p(i,j,d,\theta)^2$，$\sigma^2 = \sum_{i=0}^{M} \sum_{j=0}^{N} (i-\mu)^2 p(i,j,d,\theta)$

6.4.3.2 纹理特征提取

在 SAR 遥感图像纹理特征中选取合适的纹理特征是 SAR 溢油遥感图像分类的重要因素。为了获得良好的溢油检测效果，特征的选择要兼顾图像的局部灰度特性以及像素彼此之间的灰度依赖关系。因此，需要针对 SAR 溢油遥感图像的特点，对纹理特征进行筛选。主要的纹理特征提取方法有以下 3 种。

1)基于图像灰度直方图的特征提取

该方法首先统计图像的灰度在各个灰度级上出现的次数，求灰度直方图及其均值，计算直方图的 n 阶矩，求特征向量，以特征向量来描述图像的纹理特征。

2)基于图像灰度差值直方图的特征提取

图像的纹理特征也常常用它的粗细度来描述(戴青云，2000)，粗细度的大小与其局部结构的空间重复周期有关，周期大的纹理比周期小的纹理看上去要粗糙。利用灰度差值直方图能够看出纹理的粗细程度，从而可以描述图像的纹理特征。计算图像中相邻像素的灰度差值，求得灰度差值直方图后，可计算特征向量的对比度、角度方向二阶矩、熵和平均值。

3)基于图像灰度共生矩阵的特征提取

灰度共生矩阵纹理分析方法可以描述图像各像元灰度的空间分布和结构特征，它作为传统的图像纹理分析方法已广泛应用于数字图像处理的许多领域，尤其是利用图像纹理特征值所表征的图像空间结构信息来改善遥感图像的地学目标分类效果。利用 SAR 遥感图像进行溢油监测时，灰度共生矩阵分析方法的主要过程是：①灰度级粗量化；②求出 4 个方向($\theta=0°$、$\theta=45°$、$\theta=90°$和 $\theta=135°$)上的共生矩阵；③分别求出每个共生矩阵的对比度、角度方向二阶矩、熵和相关性 4 个特征向量；④以各特征向量的均值和标准差作为纹理特征向量中的各个分量。

梁小祎(2007)对表 6.1 中列出的各统计量在区分 SAR 遥感图像中的油膜、类油膜和海水能力进行了比较，其结果如表 6.2 所示。

表 6.2 灰度共生矩阵中各统计量的 SAR 海面溢油分类能力(梁小祎，2007)

统计量	分类能力	是否作为特征量
均值	油膜、类油膜、海水能较好分开	是
方差	三者有混淆	否

续表

统计量	分类能力	是否作为特征量
协同性	油膜、类油膜、海水能较好分开	是
对比度	三者有混淆	否
相关性	三者有混淆	否
相异性	油膜、类油膜、海水能较好分开	是
熵	油膜、类油膜、海水能较好分开	是
角二阶矩	油膜、类油膜、海水能较好分开	是

6.4.4 SAR 海面溢油遥感监测的影响因素

SAR 海面溢油监测受到众多因素的影响，如雷达波段、极化方式、入射角和海面风等。

1）波段

相对其他微波波段，C 波段、X 波段和 Ku 波段 SAR 遥感图像上的油膜和海水的海面后向散射有较大的差异，在遥感图像上反映为较大的对比度。“轻”油相对于周围海水一般有 5dB 的对比差异，而“重”油则有 10～15dB 的对比差异。L 波段和 S 波段的海面后向散射强度受溢油影响不大。

2）极化方式

HH 极化和 VV 极化对遥感监测海面油膜没有本质的区别，但对于 C 波段的 SAR 遥感图像，VV 极化方式更适合于油膜的监测，特别是在强风的情况下（Fanny et al.，2003）。

3）入射角

在入射角为 23°情况下，弱风时油膜和海水的海面后向散射有 5 dB 的对比差异，强风时有 3～4 dB 的对比差异。按照海面风速和雷达使用频率的限制，最适合的入射角为 20°～45°。

4）平台飞行方向和风向之间的夹角

对于风速大于 9m/s 的情况下，需要考虑平台飞行方向和风向之间的夹角。研究结果表明，在利用 L 波段和 X 波段 SAR 监测溢油时，为了获得油膜和周围海水比较明显的对比，飞行方向和风向之间的夹角需小于 30°。

5）海面风速

SAR 遥感图像中油膜的能见程度主要取决于雷达海面后向散射的降低，而海面后向散射在很大程度上取决于海面风速。因此，海面风速严重影响海洋油膜的监测。研究结果表明，海面风尤其是强风能够通过在顺风向溢油堆积或者通过溢油轨迹的“羽化”现象影响航行船只后面溢油轨迹的形状。其中溢油轨迹的“羽化”现象是由 Langmuir 环流引起的(Langmuir，1938；Pavlakis et al.，2001)，且呈现“羽状”的一侧总是在逆风方向(图6.6)。在大部分海况条件下，与较轻的溢油成分相比，溢油中较重的成分受风的影响移动速度较快。图6.7 显示了东南亚一条繁忙航线附近具有不同形状的溢油轨迹，从图中的“羽状”溢油轨迹，可以推断 SAR 成像时海面风来自西南方向。并且图像下方的溢油要比图像上方的溢油存在时间长。很多溢油轨迹“羽化”的 SAR 遥感图像都证实了这一点。

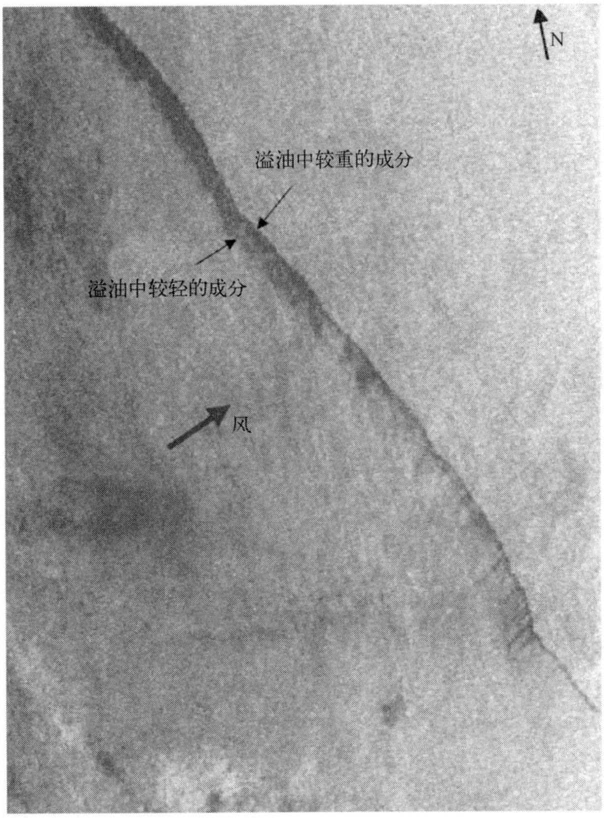

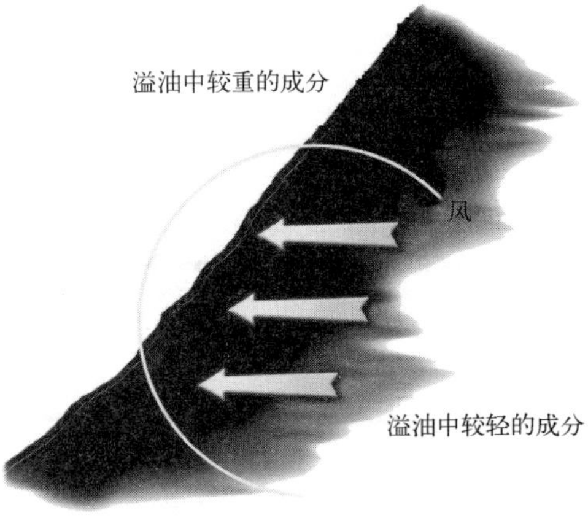

图6.6　1999 年 4 月 6 日 04:58 UTC 获得的印度洋海域 ERS－2 SAR 遥感图像

注：图像中心经纬度为10°36′N、81°49′E。该遥感图像显示了溢油轨迹的“羽状”结构。海面风使得溢油中较重的成分在顺风向(图中暗线)堆积，使得“羽状”一侧总是在逆风向。图中显示的风向来自 ECMWF 模型的输出结果。

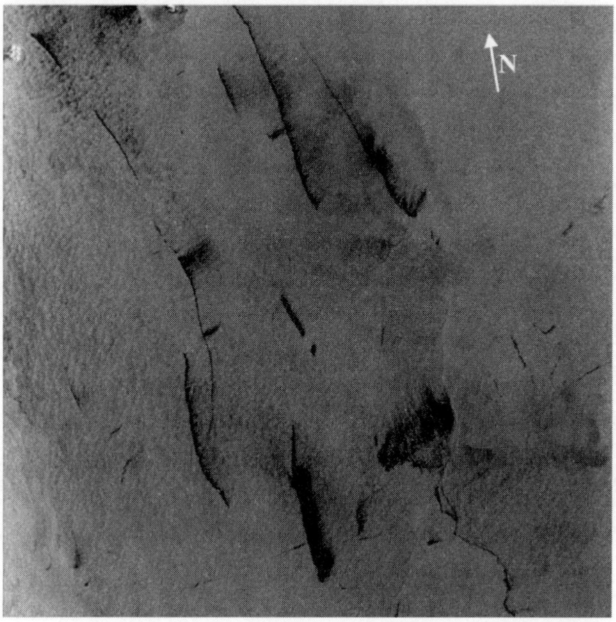

图6.7 1997年4月4日03:25 UTC获得的马来西亚沿岸(Kuantan附近)ERS-2 SAR遥感图像

注：图像中心经纬度为4°20′N、103°59′E，成像范围为100 km×100 km。该图像显示了繁忙航线附近海域的溢油污染情况和东风引起了溢油轨迹的“羽化”现象。

结合试验分析与前人研究成果，本书总结出了海面油膜在SAR遥感图像上的能见程度与海面风速之间存在的普遍关系(表6.3)。然而，有研究表明，针对C波段SAR遥感图像，即使风速达到13 m/s仍可以监测到海面油膜(Alpers and Huhnerfuss，1988；Pavlakis et al.，1996；Fanny et al.，2003)。

表6.3 SAR遥感图像上的海面油膜能见程度与海面风速之间的关系

风速(m/s)	SAR遥感图像上海面油膜的能见程度
0	在无扰动的海面表面不产生后向散射，在SAR遥感图像上监测不到油膜特征
0~3	在粗糙度较低的海面形成较好的扰动，海面风浪对表面油膜不产生影响，然而由于局部海域低风速的影响，很可能在SAR遥感图像上形成类油膜特征
3~6	该条件下形成的SAR遥感图像对表面油膜特征与由于局部海域低风速影响形成的类油膜特征具有较好的区分能力，油膜在SAR遥感图像上的特征很明显，而油膜之外的其他背景图像特征均较一致
>6	由于表面油膜的扩散及混合作用，SAR遥感图像上可能监测不到油膜特征，油膜的扩散与油膜类型有关

6.5 其他海洋表面膜 SAR 遥感图像特征

由于海洋表面膜的成因多种多样，含矿物原油的人为泄漏表面油膜可以阻尼海洋表面波并在 SAR 遥感图像中成像；生物成因的表面膜，如由浮游生物和鱼类活动产生的表面膜，也具有很强的波浪阻尼能力，在 SAR 遥感图像上引起具有较低后向散射值的图像特征；海底油气藏渗漏产生的烃类也可形成表面油膜。此外，其他海洋特征和大气现象，如海面风速相对较低的海域、雨点和泥泞状海冰等，都可阻尼海洋短表面波，在 SAR 遥感图像中表现出与海面油膜相似的图像特征，形成黑色斑块。这些非表面油膜成因的黑色斑块图像特征可统称为“类油膜”特征(黄晓霞等，1999；徐青等，2011；张沈阳等，2013)。

1)海面低风速区

当海面风速低于 1 ~2 m/s 时，海面变得较为平滑，雷达接收到的海面后向散射信号减少，从而在 SAR 遥感图像上看到颜色较暗的区域。但一般来说，相对于海面溢油区域，低风速区域面积较大，而且形状不规则，边缘较模糊(图 6.8)。另外，风的阴影效应(即局部海域风速太低而不能生成任何 Bragg 波)也在 SAR 遥感图像中形成大面积的低后向散射区。

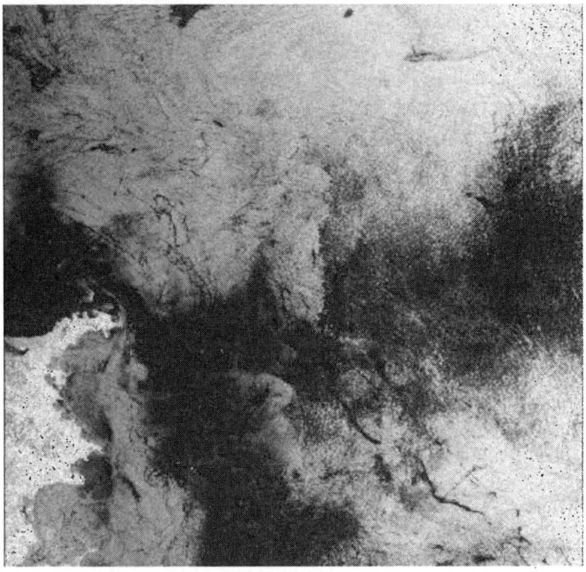

图 6.8　中国黄海海域低风速区对 SAR 海面溢油监测的影响

2)海洋内波

海洋内波SAR遥感图像特征是明暗相间的条纹特征(图6.9),这也会影响到油膜的正确判读。

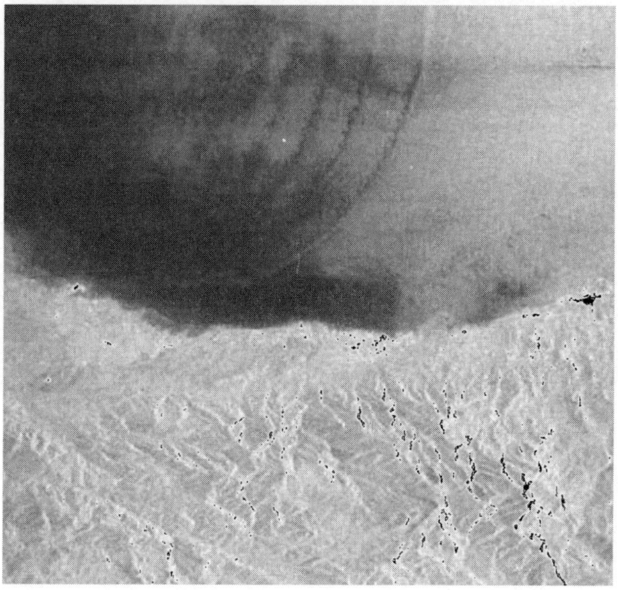

图6.9 海洋内波对SAR海面溢油监测的影响

3)大气现象

某些大气现象,如大气内波(图6.10)和雨团等也可以引起与海面油膜相似的SAR遥感图像特征。

4)自然溢油

海底油气藏烃类渗漏形成的表面油膜会漂浮在海面上导致海面糙度的变化,也呈现出与海面溢油相似的分布特征(图6.11)。但油气藏烃类渗漏形成的表面膜在同一区域或其附近重复出现,且在SAR遥感图像上也可以形成颜色较暗的斑块或条纹,而其他成因的表面油膜SAR遥感图像特征的分布却具有随机性。此外,烃类渗漏成因表面膜出现的位置与特定地质构造具有一定的相关性。因此,通过多时相观测和多源数据融合的方法可判断出油气藏烃类渗漏成因。

图6.11显示的是地中海表面油膜的分布情况,SAR遥感图像中的大部分黑斑并非由船只漏油形成,而是来自海底油的自然渗漏。海底渗漏的位置是固定的,但是海面溢油黑斑的位置却随海洋和大气的影响而变化。因此,通过对同一海域多时相SAR遥感图

像的分析，并结合海流和海面风场对油膜的驱动作用，可以确定海底油渗漏的位置。

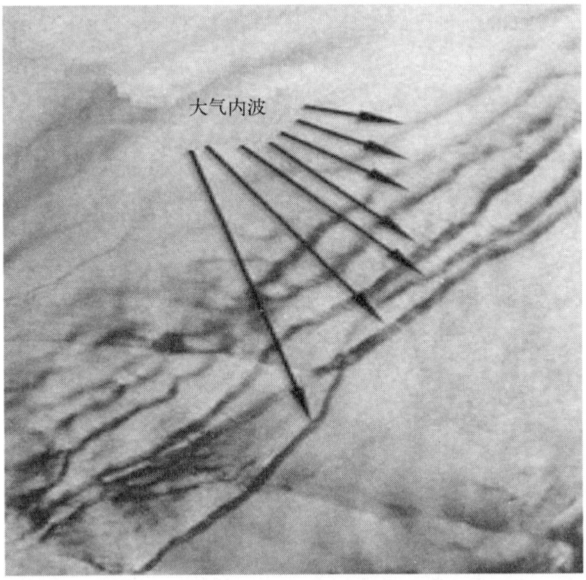

图 6.10　大气内波对 SAR 海面溢油监测的影响

注：图中所示的大气内波在 SAR 遥感图像中产生规则的黑色条带。

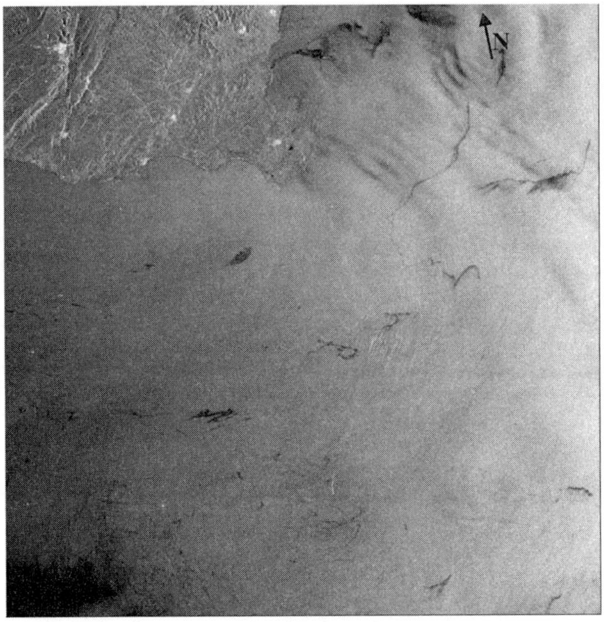

图 6.11　1994 年 5 月 26 日 09：41UTC 获得的地中海海域 ERS－1 SAR 遥感图像

注：图像中心经纬度为 36°28′N、15°04′E，成像范围为 100 km × 100 km。图中的黑斑很可能是该海域存在的海底油渗漏形成的。

5）天然生物表面膜

天然生物表面膜是由鱼类和一些浮游生物分泌的有机物质形成的海面微层，在较低海况条件下，这种微层在海洋表面广泛存在。天然生物表面膜最可能的聚集带为生物活动强烈的区域，如海岸带、上升流区（Alpers et al.，1991；Ochadilick et al.，1992）以及海流边沿（Johannessen et al.，1993）。在每年4月（春季浮游生物生长期）的海岸带水体中，天然生物表面膜与表面流和涡流的相互作用会使得SAR遥感图像上形成黑色、螺旋状特征（图6.12）。由于生物表面膜的组成与表层水体中的生物活动相关，这类表面膜表现出很强的季节变化特征。

图6.12为1998年春季波罗的海海域的ERS－2 SAR遥感图像。该季节由于浮游植物的藻华，波罗的海的大部分海域被表面生物膜所覆盖，这些表面膜可以作为示踪物来分析海流特征，尤其是图中显示的海洋涡旋特征。

图6.12　1998年5月10日21:15 UTC获得的波罗的海海域ERS－2 SAR遥感图像

注：图像中心经纬度为54°28′N、11°13′E，成像范围为100 km×100 km。图像中部为德国费马恩岛，右上角是丹麦洛兰岛。

除上述各种因素外，引起SAR遥感图像上与海面溢油具有相似特征的因素还包括泥泞状海冰、背风岬角区、雨点、海流剪切带和上升流等。在各种现象引起的海洋表面特征中，天然生物表面膜是最难与海面溢油区分的，其他现象引起的SAR遥感图像海面特征则可通过其特定的地理位置和形态特征与海面溢油相区分。表 6.4 列出了各种可能引起与海面溢油具有相似 SAR 遥感图像特征的现象，并给出了 SAR 遥感成像的气象条件及每种现象对应的典型 SAR 海面后向散射截面值。

表 6.4　不同类型的海洋表面特征和在 SAR 遥感图像上的特征(黄晓霞等，1999)

海洋表面特征	SAR 遥感图像特征	可能出现的地理位置	气象条件限制	海面后向散射截面(dB)	雷达反差(dB)	梯度(dB/100 m)
天然膜	当与海流相互作用时很容易改变形状	海岸带和上升流出现地区	海面风速大于 7 m/s 时溶解	-24 ~ -15	2.5 ~ 4.2	1.5 ~ 3.0 和 5
油脂状海冰	大面积黑斑	主要沿冰线分布，但在大洋中也可出现	冬季或靠近冰线区的寒冷夜晚	-24 ~ -14	13	1 ~ 2
低风速区	大面积黑斑	随处可见	海面风速大于 3 m/s	-24 ~ -18	9.7	0.3 ~ 0.5
背风岬角	近岸边的黑色斑块	陆地边缘附近和峡湾地带	即使在很高风速下也可出现(15 m/s)	-24 ~ -12	6.8	1.5 ~ 3.0
雨点	具有黑色中心的亮斑的特征	热带地区	滂沱大雨和强风	-24 ~ -8	3.5 ~ 15	0.1 ~ 0.3
海洋内波	暗 - 亮相间条纹	海山附近或较浅水域如大陆架边缘和海流切变区	海面风速小于 8 m/s	-24 ~ -8	0.8	0.4 ~ 1.0
波浪海流沿剪切带相互作用	狭窄的或亮或暗弧线特征	强海流地区	风速小于 10 ~ 12 m/s	-24 ~ -8	2 ~ 6.3	0.2 ~ 0.4
上升流	黑斑	表面海流散开处，主要出现在海岸带附近	风速小于 6 ~ 8 m/s	-24 ~ -8	—	—
泄漏原油	黑斑	随处可见	风速小于 10 ~ 12 m/s	-3.9 和 -19.9 ~ -7	0.6 ~ 9.8	1.7
海底油气藏渗漏	黑斑	与有利的油气圈构造	风速小于 6 m/s	-24 ~ -10	2 ~ 4	1.5 ~ 3.0
漏烃类油膜	位置一致	—	—	—	—	—

6.6 小结

海上溢油是最常见的海洋污染之一，溢油一般由事故引起，如船舶(特别是油船)碰撞、翻沉、海上油井平台和水下油管泄漏等。随着海洋运输业和海洋石油开采业的迅猛发展，溢油事故屡见不鲜，使海洋环境严重污染，造成海洋鱼类、鸟类、海藻和海洋哺乳动物的大量死亡。因此，利用卫星遥感技术及时、准确、全面地监测海洋溢油污染，积极采取溢油清除和预防措施，监测海洋环境污染已成为国内外很多国家环境监测部门的重要技术手段。

星载SAR可以全天时、全天候地遥感探测海洋油膜，是监测海上石油开采以及石油运输过程中油泄漏，进行海上溢油监测和快速反应的有效手段。SAR对溢油的定性和定量遥感监测具有面积广、时间长、分辨率高等特点，而且可以根据连续观测到的SAR遥感图像，进行油污的自动识别和跟踪。目前基于SAR遥感图像进行海面溢油及其扩散的监测技术研究已经引起了许多国家的重视，利用星载SAR遥感监测海上溢油已成为很多国家环境监测部门的重要工具。

参考文献

安居白，张永宁. 2002. 发达国家海上溢油遥感监测现状分析. 交通环保，23(3)：28－30.

戴青云. 2000. 基于纹理特征与BP神经网络的一类图像检索. 计算机科学，27：55－57.

黄晓霞，朱振海. 1999. 海洋表面膜特征的SAR图像探测. 遥感学报，3(1)：48－53.

李栖筠，傅玉慧，黄凤荣，等. 1996. NOAA卫星监测船舶溢油EJ3. 中国航海，39(2)：63－66.

李树华. 2003."威望"号油轮溢油事故及其在国际社会引起的强烈反响. 交通环保，24(1)：36－42.

梁小祎. 2007. 基于纹理分析的溢油SAR图像分类研究. 大连：大连海事大学.

骆剑承，周成虎，杨艳. 2000. 基于径向基函数(RBF)映射理论的遥感影像分类模型研究. 中国图象图形学报，5(2)：94－99.

马广文，赵朝方，石立坚. 2008. 星载SAR监测海洋溢油污染的初步研究. 海洋湖沼通报，2：53－60.

舒宁. 1998. 卫星遥感影像纹理分析与分形分维方法. 武汉测绘科技大学学报，23(4)：370－373.

徐青，郑汲，程永存，等. 2011. 应用纹理分析识别SAR海上溢油图像. 河海大学学报(自然科学版)，39(5)：569－574.

张沈阳，郑汲，徐青，等. 2013. 基于星载SAR图像的一次黄海溢油事件分析. 水利水电科技进展，33(S1)：47－50.

张永宁，丁倩，李栖筠. 1999. 海上溢油污染遥感监测的研究. 大连海事大学学报，25(3)：1－5.

朱生凤，张兆康，朱有庆. 2006. 解读全球溢油响应网络的分级响应安排. 中国海洋报.

Alpers W, H A Espedal. 2004. Oils and surfactants. In: Synthetic Aperture Radar Marine User's Manual. Christopher R J and J R Apel, eds. Washington DC: U. S. Department of Commerce, 263－275.

Alpers W, H Huhnerfuss. 1988. Radar signatures of oil films floating on the sea surface and marangoni effect. Journal of Geophysical Research, 93 (C4): 3 642－3 648.

Alpers W, V Wismann, R Theis, et al. 1991. The damping of ocean surface waves by monomolcular sea slicks measured by airborne multi－frequency radars during the Saxon－fpn experiment. Proceedings of IGARSS'91, 4: 2 203－2 213.

Chang L, C M Chen, J C Tang. 2005. An automatic detection of oil spills in SAR images by using image segmentation approach. Proceedings of IGARSS'05, 1 021－1 024.

Cheng Y, B Liu, X Li, et al. 2014. Monitoring of oil spill trajectories with COSMO－SkyMed X－band SAR images and model simulation. IEEE Journal of Selected Topics in Applied Earth Observations and Remote Sensing, 7(7): 2 895－2 901.

Cheng Y, J Tournadre, X Li, et al. 2017. The impact of oil spills on the waveform and radar backscatter cross－section variations in the altimeter data. Journal of Geophysical Research－Oceans, 3 621－3 637.

Cheng Y, Q Xu, X Li. 2018. Ocean surface pollutant monitoring and trajectory simulation. In: Advances in SAR Remote Sensing of Oceans. Li X, H Guo, K Chen, et al, eds. CRC Taylor and Francis Group.

Cheng Y, X Li, Q Xu, et al. 2011. SAR observation and model tracking of an oil spill event in coastal waters. Marine Pollution Bulletin, 62 (2): 350－363.

Cini R, P Lombardini. 1978. Damping effect of monolayers on surface wave motion in a liquid. Jourrml of Collaid and Interface Science, 65: 387－389.

Del Frate F, A Petrocchi, J Lichtenegger, et al. 2000. Neural networks for oil spill detection using ERS SAR data. IEEE Transactions on Geoscience and Remote Sensing, 38(5): 2 282－2 287.

Del Frate F, L Salvatori. 2004. Oil spill detection by means of neutral networks algorithms: A sensitivity analysis. Proceedings of IGARSS'04, 1 370－1 373.

Fan K G, Y Z Zhang, H Lin. 2010. Satellite SAR analysis and interpretation of oil spill in the offshore water of Hongkong. Annals of GIS, 16: 4, 169 – 275.

Fanny G A, M Grgoire, G René. 2003. Oil slick detection by SAR imagery: potential and limitation. OCEANS Proceedings, (1): 164 – 169.

Fiscella B, A Giancaspro, F Nirchio, et al. 2000. Oil spill detection using marine SAR images. International Journal of Remote Sensing, 21: 3 561 – 3 566.

Garrett W D. 1976. Damping of capillary waves at the air sea interface by oceanic surface – active material. Journal of Marine Research, 25: 179 – 191.

Girard – Ardhuin F, G Mercier, R Garello. 2003. Oil slick detection by SAR imagery: Potential and limitation. Proceedings of the Marine Technology and Ocean Science Conference OCEANS2003, 1: 164 – 169.

Girard – Ardhuin F, Grégoire Mercier, Fabrice Collard, et al. 2005. Operational oil slick characterization by SAR imagery and synergistic data. IEEE Journal of Oceanic Engineering, 30(3): 487 – 495.

Hühnerfuss H, W Alpers, K Richter. 1986. Discrimination between crude – oil spills and monomolecular sea slicks by airborne radar and infrared radiometer – possibilities and limitations. International Journal of Remote Sensing, 7(8): 1 001 – 1 013.

Johannessen, J L Roed, T Wahl. 1993. Eddies detected in ERS – 1 SAR images and simulated in reduced gravity model. International Journal of Remote Sensing, 14 (11): 1 987 – 1 990.

Langmuir I. 1938. Surface motion induced by the wind. Science, 87: 119 – 123.

Masuko H, T Kobayashi, K Okamoto, et al. 1995. Observation of artificial slicks with SIR – C/X SAR around Japan. Proceedings of IGARSS'95, 1: 227 – 229.

Ochadilick A, P Cho, J Evans – Morgis. 1992. Synthetic aperture radar observations of currents collocated with slicks. Journal of Geophysical Research, 97(C4): 5 325 – 5 330.

Pavlakis P, A Sieber, S Alexandry. 1996. The potential of ERS SAR in oil spill monitoring and a regional application in the Mediterranean coastal zone. Proceedings of the ERS Thematic Workshop, Oil pollution monitoring in the Mediterranean, 8.

Pavlakis P, D Tarchi, A J Sieber. 2001. On the monitoring of illicit vessel discharges using spaceborne SAR remote sensing – a reconnaissance study in the Mediterranean Sea. Annals of Telecommunications, 56 (11 – 12): 700 – 718.

Solberg A H S, E Volden. 1997. Incorporation of prior knowledge in automatic classification of oil spills in ERS SAR images. Proceedings of IGARSS'97, 1: 157 – 159.

Solberg A H S, G Storvik, R Solberg. 2003. Automatic detection of oil spills in Envisat, Radarsat and ERS SAR images. Proceedings of IGARSS'03, 2 747 – 2 750.

Solberg A H S, G Storvik, R Solberg, et al. 1999. Automatic detection of oil spills in ERS SAR images. IEEE Transactions on Geoscience and Remote Sensing, 37(4): 1 916 – 1 924.

Solberg A H S, R Solberg. 1996. A large – scale evaluation of features for automatic detection of oil spills in ERS SAR images. Proceedings of IGARSS'96, 3: 1 484 – 1 486.

Stewart R H. 1985. Methods of Satellite Oceanography. California: University of California.

Valenzuela G R. 1978. Theories for the interaction of electromagnetic and oceanic waves: A review. Boundary – Layer Meteorology, 13: 61 – 85.

Xu Q, H Xi, Y Zhang. 2010. Marine pollution in water, sediment and biota. In: Impact, Monitoring and Management of Environmental Pollution. Ahmed El Nemr, ed. Nova Science Publishers, 157 – 191.

Xu Q, J Zheng, Y Cheng, et al. 2016. Detection ofmarine oil spills from SAR images using artificial neural networks. Proceedings of the International Offshore and Polar Engineering Conference, 773 – 776.

Xu Q, X Li, Y Wei, et al. 2013. Satellite observations and modeling of oil spill trajectories in the Bohai Sea. Marine Pollution Bulletin, 71 (1 – 2): 107 – 116.

Xu Q, Y Cheng, B Liu, et al. 2015. Modeling of oil spill beaching along the coast of the Bohai Sea, China. Frontiers of Earth Science, 9 (4): 637 – 641.

第7章
海上舰船

海上舰船的监测与监视是世界各沿海国家的传统任务。舰船监测，特别是舰船分类，在海上交通运输、渔业管理、维护海洋权益，以及在发展国防事业、保卫领土等军事领域均起着重要的作用。SAR 具备全天时、全天候、大范围、高分辨率监测海洋表面的能力，已成为海上舰船探测的最有效技术手段之一，海上舰船星载 SAR 遥感探测技术亦成为 SAR 海洋遥感的研究热点，成为 SAR 遥感数据最重要的海洋应用之一。

海上舰船尤其是大型舰船在航行时会留下尾迹，并且会保留较长时间，可以在 SAR 遥感图像上成像。船只相对于 SAR 平台的运动会带来多普勒频移，导致呈现在 SAR 遥感图像中的船只与其真实位置之间产生偏差，而尾迹则能更准确地估计船只的实际位置。目前，利用 SAR 遥感图像检测海上舰船及其尾迹并提取舰船特征已成为不同气象条件下监视海上舰船的主要手段之一。

1978 年，SEASAT－1 SAR 获得了大量包含船体及其尾迹的 SAR 遥感图像。1986 年，挪威国防研究院(NDSR)与欧空局(ESA)开展了“舰船和舰船尾迹 SAR 检测”研究项目。同年，Lyden(1986)对 SAR 遥感图像上舰船尾迹的类别及其产生机理进行了分析；Murphy(1986)则提出了 SAR 遥感图像舰船尾迹检测方法。此后，利用 SAR 遥感图像进行海上舰船及其尾迹检测的研究得到迅速发展。

目前，SAR 海上舰船检测算法和应用系统大都集中在单极化(HH、HV、VH 或 VV)SAR 遥感数据。SAR 遥感数据进行海上舰船检测通常有两种方法：一种是直接识别舰船信号的目标识别法；另一种是船尾迹检测方法。由于舰船运动时在 SAR 遥感图像上的位置与其真实位置有方位向的偏移，不易直接识别。此外，如果 SAR 遥感图像分辨率比较低，舰船目标很小，则在 SAR 遥感图像上很难分辨，或者舰船可能淹没在海洋背景杂波中。而海上舰船尾迹的尺度比舰船本身大得多，在 SAR 遥感图像上较容易辨别，并且船尾迹提供了舰船的实际位置，即在尾迹的尖端。另外，还可以根据船尾迹判断舰船航向和计算舰船航速等（Fan et al.，2019）。

研究结果表明，海上舰船检测和船尾迹检测两种方法均存在各自的优缺点（范义，2005；李海艳，2007）。其中，船尾迹检测的优势体现在：

（1）船尾迹覆盖面积大，可延伸几千米，持续存在几小时；

（2）运动舰船的方位向模糊使海面杂乱回波增强，增加了直接进行舰船目标检测的难度，而船尾迹不受方位向模糊的影响；

（3）如无运动偏移，船尾迹可以显示舰船的实际位置。

利用 SAR 遥感图像直接进行舰船目标检测的优势主要体现在：

（1）如果舰船不动或者缓慢运动时，船尾迹是观测不到的，但舰船目标的回波在任何情况下都存在；

（2）在不同风速和海况下，舰船目标比船尾迹目标更稳定，船尾迹与雷达参数和海况等关系密切，船尾迹会随着海况、船速和船向的改变而发生变化；

（3）机动海上舰船的船尾迹形状是变化的；

（4）海上舰船目标直接检测简单有效，已得到较好的结果，而船尾迹检测比较费时。

在一定的海面风速和海况条件下，星载 SAR 能较容易地获取海上舰船的位置、航行方向和航行速度等信息，这些信息被应用于海洋军事、航道监测和遇难船只救助等方面。此外，利用船尾迹 SAR 遥感图像密度谱和波浪斜率谱还可以估算运动舰船的船体外形，但该方面的研究还未达到应用要求，仍有待于进一步发展。

图 7.1 显示了 ERS－2 SAR 在南海海域观测到的海上舰船（图像右上角的亮点）及其船尾迹（紧随亮点之后贯穿整景图像的长直线）。在船后距船约 1/3 船身长的位置，船尾迹表现为比背景场亮的线，即较大的海面粗糙度。远离船只处，湍流引起短风浪（Bragg 波）衰减，使得雷达海面后向散射减弱，船尾迹在遥感图像上表现为暗的直线。这是 SAR 遥感图像上海上舰船湍流尾迹的典型特征。

图7.1 1996年4月13日 ERS－2 SAR 在中国南海海域观测到的海上舰船及船尾迹遥感图像

注：图像大小为14.5 km×9.7 km。

7.1 SAR 海上舰船探测机理

7.1.1 SAR 海上舰船遥感成像机理

利用SAR可以直接识别舰船目标的原因在于船体的角散射，如图7.2所示。舰船主要由金属制成，其上层建筑构成许多角反射器，使得舰船成为极强的雷达反射器，在SAR遥感图像上形成非常亮的目标；而背景海域在遥感图像上一般呈现为暗色调。因此，舰船检测是暗背景条件下亮目标的检测问题。只要合理地选择阈值，SAR遥感图像上的舰船都可以被识别。

要对SAR遥感图像上的舰船及船尾迹进行检测，首先要确定它们属于哪种目标类型。SAR遥感图像上的目标可分为点目标、线目标、面目标和硬目标。点目标是指图像上以亮点形式出现的雷达目标，由于点目标在SAR遥感图像中只占很少的几个像素，

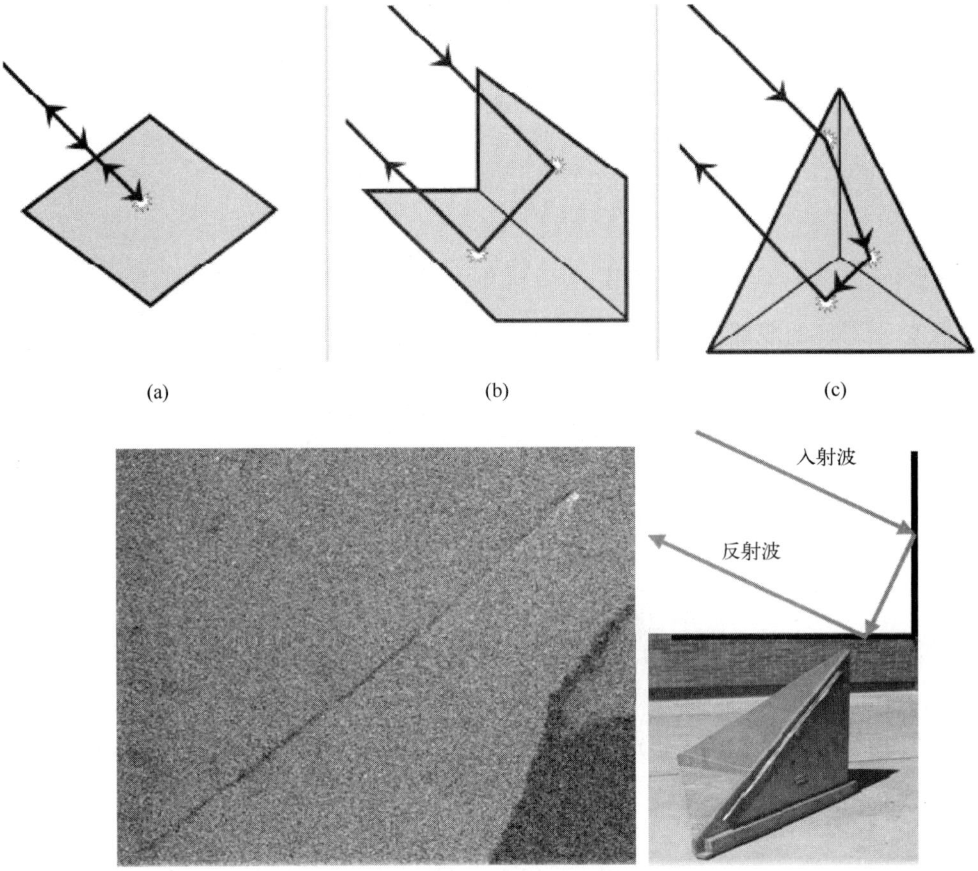

(a) (b) (c) (d)

图 7.2　SAR 接收海上舰船反射回的电磁波示意图

(a)直接反射；(b)二次反射；(c)角反射；(d)二次反射

因而要得到它们的形状信息就比较困难，一般是通过其自身及其周围像素的灰度分布以及一些先验知识来估计目标的可能类型。线目标在 SAR 遥感图像中表现为线形(直线或弧线)的目标，如铁路、公路、桥梁以及水陆边界等。面目标，也称分布目标，是在图像中占有一定面积的目标，如山地、森林、农作物和建筑群等。硬目标通常指强散射体的集合，它不像面目标那样占有很大的面积，也不像点目标那样只有很少的像素，在 SAR 遥感图像上表现为一系列亮点。

直接来自舰船的雷达回波构成了 SAR 遥感图像上典型的舰船特征。在低分辨率(低于 30 m)SAR 遥感图像上，舰船的图像特征可能只是一个简单的单点像素，即舰船目标在低分辨率 SAR 遥感图像上为点目标。该像素对应的雷达后向散射截面远大于周围背景场(即背景海域)像素对应的雷达海面后向散射截面，表现在SAR遥感图像上，该点远远亮于局地海洋背景场。在高分辨率(高于30 m)SAR遥感图像上，舰船目标常表现为一系列亮点，即硬目标[图7.2(a)]。当分辨率极高时(高于10 m)，有可能分辨出舰船的结构特征。船尾迹在SAR遥感图像上表现为线目标，因此船尾迹检测属于线目标检测。

只要海上舰船具有较好的雷达后向散射特征，在很多海况条件下，即使小于SAR像素分辨率的舰船也能很容易被SAR探测到。通常，直接来自舰船的雷达回波为SAR遥感图像上舰船的唯一特征，尤其是当①舰船未在航行中；②较高的海况破坏了船尾迹特征；③SAR采用具有较低分辨率的工作模式，如ScanSAR工作模式，此时直接来自舰船雷达回波的舰船特征更为突出。图7.3给出了一系列SAR遥感图像上的海上舰船特征。

7.1.2 SAR海上舰船检测的影响因素

影响SAR海上舰船检测能力的因素有舰船目标因素、海洋因素、SAR系统参数和SAR遥感图像质量等因素。舰船本身因素主要包括舰船的结构、形状和尺寸等；海洋因素主要指海况，不同的海况条件下，SAR海上舰船检测能力也不同；SAR系统因素主要包括极化方式、工作模式和雷达入射角等；SAR遥感图像因素主要包括图像质量和图像分辨率等。Vachon等(1997)分析研究认为，在分辨率高、入射角大、海面风速低时，SAR海上舰船目标检测能力较强。Staples(1997)指出，最小检测舰船目标长度取决于海面风速、雷达入射角、舰船类型、舰船航向与SAR视向之间的夹角，以及海面风向与SAR视向之间的夹角。

7.1.2.1 舰船因素

SAR是通过接收舰船的反射波获得其信息的(图7.2)，而舰船由于其类型、大小、空间结构等不同，其散射特性亦不相同，从而雷达后向散射强度也不同。

近年来，学者们先后开展了电磁波在各种形状、各种尺寸舰船上的散射特性研究。Ringrose等(1999)将Cameron分解应用于SIR－C SAR遥感图像和仿真舰船SAR遥感图像发现，在大部分情况下，舰船像素的散射机理和海面像素的散射机理不同，

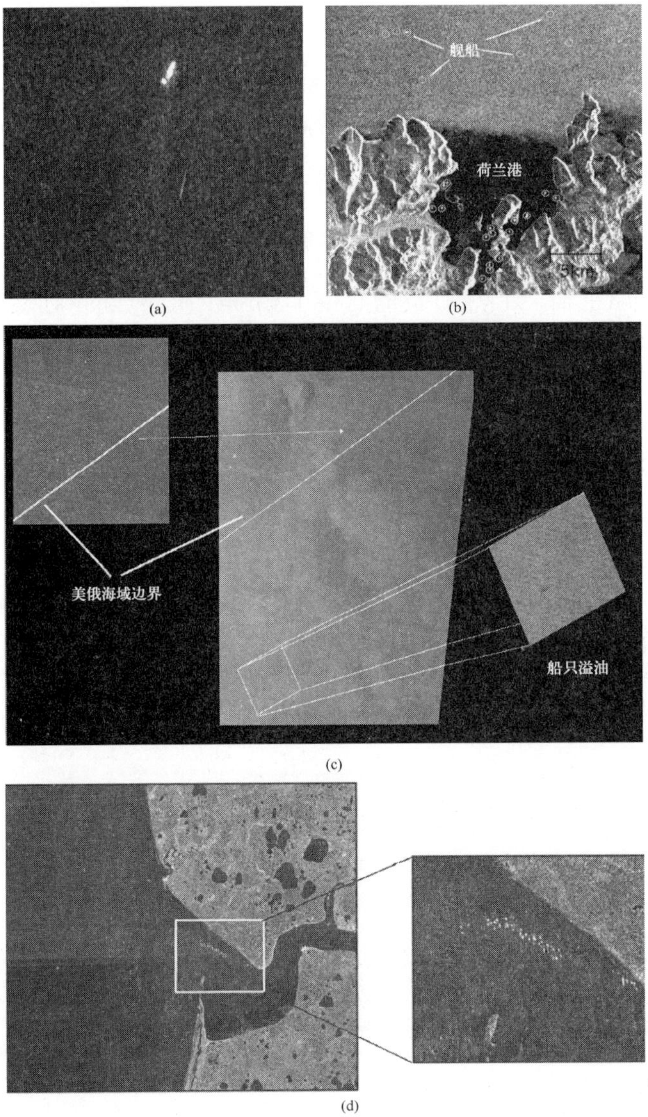

图7.3 (a)1997年11月5日11:11 UTC获得的美国东海岸切萨皮克湾Radarsat－1 SAR标准模式遥感图像上的舰船特征；(b)1998年2月20日17:29 UTC获得的荷兰港(Dutch Harbor)Radarsat－1 ScanSAR宽幅遥感图像。在低风速条件下，锚定在荷兰港内的船只(圆圈所示位置)，因为其雷达后向散射截面高于周围海域的海面后向散射截面很容易被分辨。而港外海域风速稍大，船只雷达后向散射截面与周围海域的海面后向散射截面接近，船只不易被识别；(c)2000年7月30日18:09 UTC获得的美国－俄罗斯海域边界处的Radarsat－1 ScanSAR宽幅遥感图像，图中显示了边界处俄罗斯捕捉鳕鱼的拖网船队。2000年8月1日，在距海域边界800码美国专属经济区内，美国海岸防卫队逮捕了在这里捕鱼的俄罗斯拖网渔船；(d)2004年4月11日11:11 UTC获得的美国东海岸阿拉斯加布里斯托尔湾Radarsat－1 SAR标准模式遥感图像，图中显示了长约为10 m的海上渔船

舰船的散射类型主要是二面角、窄二面角和1/4 波能装置。Yeremy 等(2001)使用 CRUSADE'00 试验中获得的数据，对试验中的3 艘舰船散射机制进行探索，得到舰船的主要散射机制除了上述3 种外，还包括偶极子散射和柱面散射，其中柱面散射有可能是由大面积甲板散射形成的。

在 SAR 舰船类型特征分析与识别方面，张晰(2008)通过分析不同类型舰船的结构特征后指出，沿舰船主轴，干(散)货船有多个相隔距离较远的峰值，油轮只有一个较大的主峰值，集装箱船存在数量较多的、相隔距离较为紧密的高峰值，且居于舰船主轴的两侧(图 7.4)。

7.1.2.2 海洋因素

在入射角相同的情况下，当海面比较平静时，海面对雷达波束是镜面反射，海面回波信号较弱，此时海面背景很暗；而当海风风速较大时，海面回波信号主要来自微尺度波的 Bragg 散射，回波信号较强，此时海面背景偏亮。

海上舰船与海洋表面回波的亮度对比减小，SAR 检测海上舰船的能力下降。图 7.5 说明了海况对舰船反射回波的影响。一般地，海面风速小于 10 m/s 时，SAR 可探测到海上舰船。但是，当海面风速高达 13.2 m/s 时，Vachon 等(2000)也验证了 SAR 遥感图像上可检测到海上舰船。

在近岸海域，如果缺乏高精度近岸岸线和地形信息，很难从 SAR 遥感图像上区分舰船和小岛，此外在沿海冰边缘，与船只大小相同的海冰 SAR 遥感图像特征也与舰船 SAR 遥感图像特征相似，难以与附近船只进行区分。

7.1.2.3 SAR 系统因素

不同的 SAR 系统，其波段、极化方式和入射角等参数各不相同，对于舰船的观测能力也不同。入射角越大，SAR 接收到的舰船反射回波越强，但一般而言，中等入射角时更适合海上舰船探测。从图 7.5 可以看出入射角对舰船目标反射回波的影响，图 7.6 则对比给出了不同入射角情况下获得的舰船雷达后向散射截面与周围背景海域的海面雷达后向散射截面。

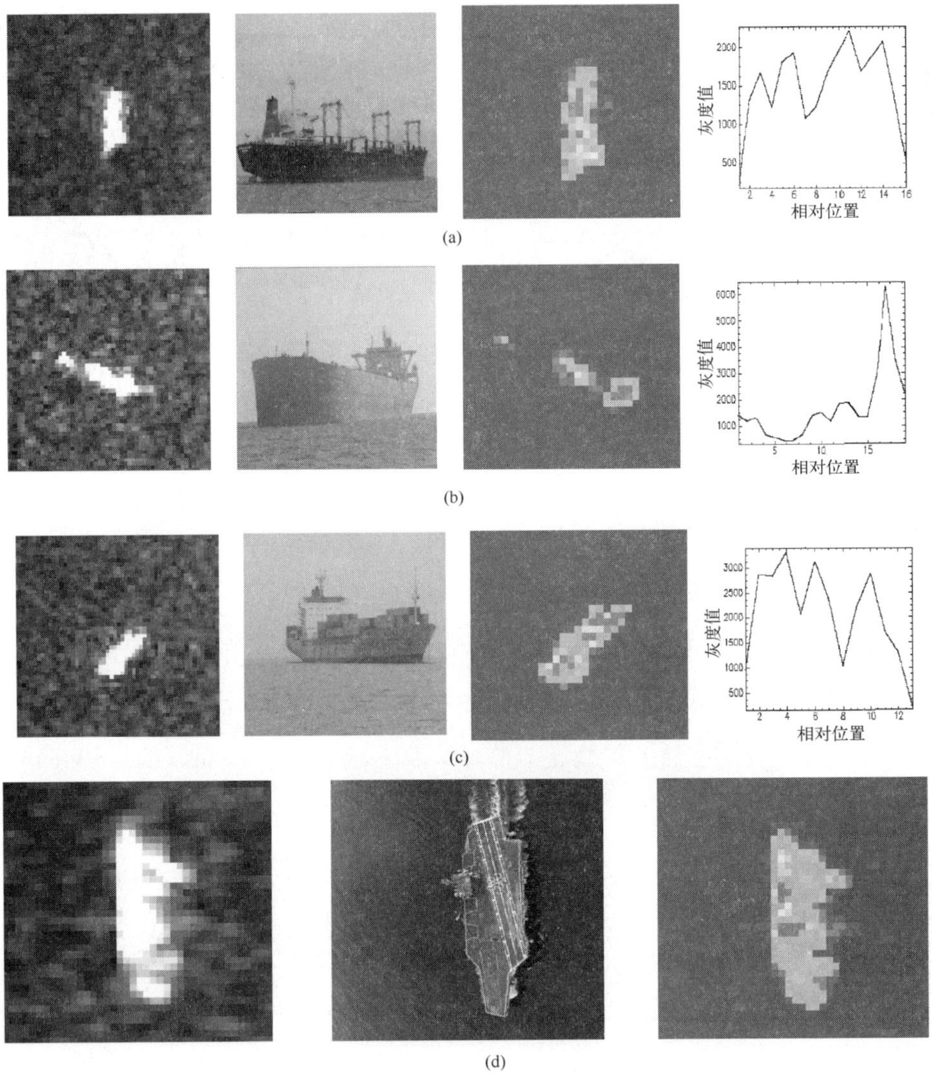

图 7.4　不同类型舰船在 SAR 遥感图像上的图像特征、实测照片、散射分布特征和主轴灰度剖面图

注：(a)多用途干(散)货船“Kings Town Zhong Hua Men”，其机舱和起货机在 SAR 遥感图像中形成高亮点。(b)油轮“Hebei Pride”。绝大多数油轮 SAR 遥感图像往往只有一个较高的峰值，且该峰值位于舰船主轴的尾部，大约对应机舱所在的位置。(c)集装箱运输船“秋河”。由于集装箱船的箱体都是由正方形的金属制成，所以会形成强反射体。集装箱船的 SAR 遥感图像信号会存在多个相隔距离较为紧密的高峰值或多个高峰值信号相临近的特征，且这些高峰值点并不是沿着舰船主轴排列，可能分布在舰船主轴的两旁；但若集装箱船未装载货物时，其峰值特征与干货船的峰值特征近似。(d)航空母舰“里根号”。航空母舰的高散射点主要集中在船身的一侧，对应于舰船的塔楼位置，与其他类型舰船有明显的不同(张晰，2008)。

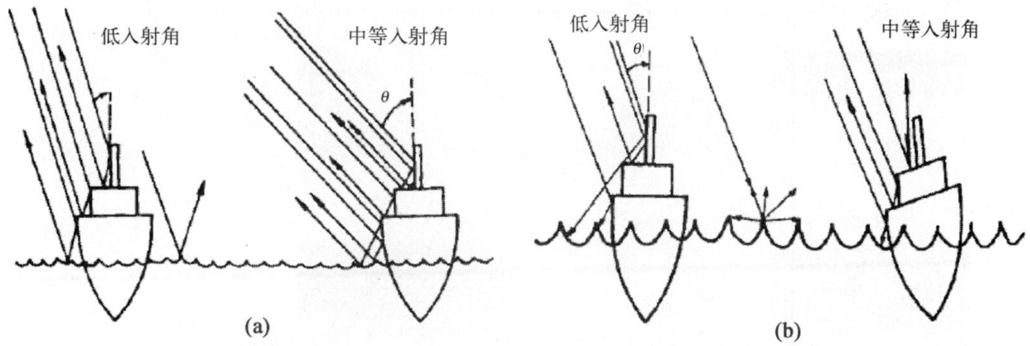

图 7.5 平静海面(a)和中等风速(b)时海上舰船的雷达回波示意图

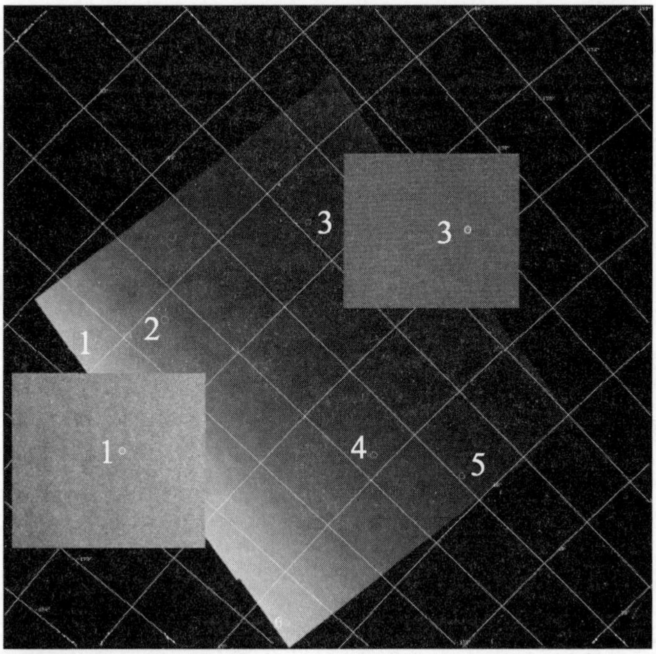

图 7.6 1999 年 4 月 13 日 18:09 UTC 获得的北太平洋 Radarsat－1 SAR 遥感图像

注：在高入射角条件下，舰船信号与周围背景海域信号的对比度较大(目标 3)；而在小入射角条件下，舰船信号与周围背景海域信号的对比度降低(目标 1)。

Vachon 等(1997)通过对 ERS－1 和 Radarsat－1 SAR 能检测到的最小舰船长度比较后指出，ERS－1 SAR 的检测能力最差，Radarsat－1 SAR 的 S1 模式、S3 模式和 S7 模式中，S7 模式的检测能力较好(图 7.7)。

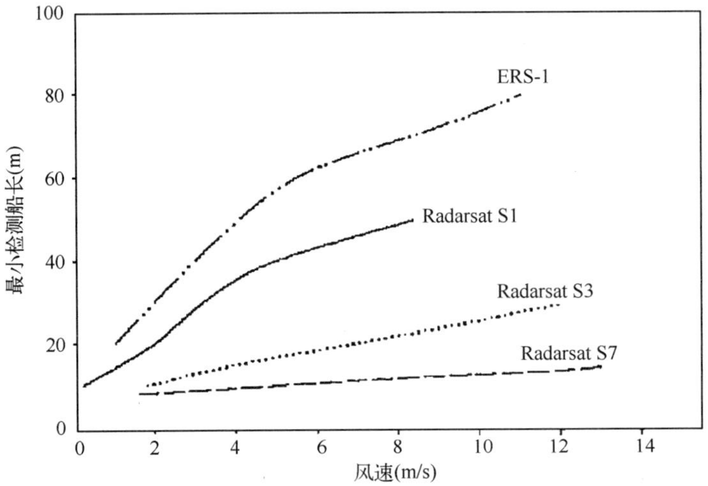

图 7.7　不同 SAR 系统检测最小舰船长度之间的比较图

即使同一个 SAR 卫星系统，若观测模式不同，则对海上舰船目标的检测能力也不相同。Vachon 等(1997)通过 Radarsat－1 各个波束模式遥感图像的验证试验，给出了不同波束模式检测率的统计结果。结果表明，最不适合检测舰船的模式为 S1～S3、W1 和 W2，其舰船检测率为 77%；当即要求有宽覆盖区域，又要求有高的舰船检测能力时，可以使用 ScanSAR 窄幅远波束模式，其舰船检测率为 81%；一般情况下，舰船检测的推荐模式是大入射角的单波束模式，如 W3、S4～S7、F1～F5 和 EH1～EH6，其舰船检测率为 97%。图 7.8 给出了 Radarsat－1 SAR 不同波束模式的舰船检测能力比较，纵坐标是海面风速为 10 m/s、风朝向雷达吹时的船只最小检测长度(m)。

7.1.2.4　SAR 遥感图像因素

SAR 遥感图像因素包括图像质量和图像分辨率。图像质量方面，SAR 遥感图像处理误差及图像上固有的斑点噪声会干扰舰船检测算法。斑点噪声表现为比背景像素亮得多或暗得多的随机像素，利用 SAR 海上舰船检测算法，图像中低后向散射区(表面回波低于 SAR 的噪声水平，即低于最小能探测到的 SAR 海面后向散射)的斑点噪声常被视为小型船只。由于较小的舰船难以与斑点噪声区分，因此 SAR 遥感图像上的斑点噪声也会限制可被探测到的船只最小尺度。此外，SAR 遥感图像处理过程中会产生一系列问题，如 ScanSAR 遥感图像中不同波束之间明显的衔接边界、天底模糊(沿卫星轨迹的一条亮线，当 SAR 接收到来自卫星天底点表面的回波时而形成)、ScanSAR 遥感图像

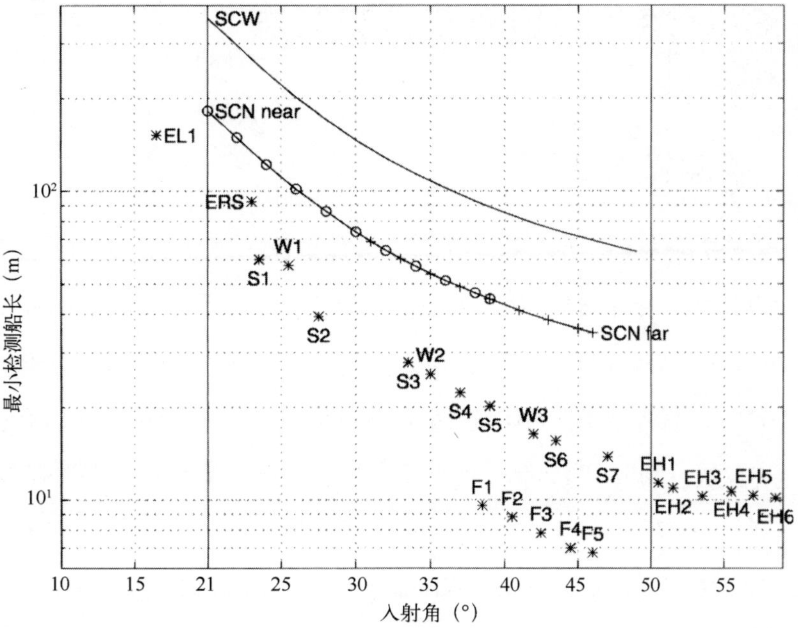

图 7.8　Radarsat－1 SAR 和 ERS－1/2 SAR 不同波束模式和入射角条件下海面舰船检测能力比较图

注：ERS 代表 ERS－1/2；SCW 代表 Radarsat－1 SAR 的 ScanSAR 宽幅模式；SCN far 和 SCN near 分别代表 ScanSAR 窄幅远距波束和近距波束模式；S1～S7 代表标准模式；W1～W3 代表宽幅模式；F1～F5 代表精细模式；EH1～EH6 代表扩展高分辨率模式；EL1 代表扩展低分辨率模式（Vachon et al.，1997）。

中的 Scalloping 效应，以及由处理误差引起的垂直卫星轨迹的噪声线等，这些都会影响 SAR 海上舰船检测。

图像分辨率方面，尽管不同观测模式的星载 SAR 遥感图像都可用来检测舰船，但是某些观测模式的检测能力较强。例如，对于 Radarsat－1 SAR，ScanSAR 窄幅远距模式（空间分辨率为 50 m，刈幅宽度为 300 km，入射角为 31°～46°）或 ScanSAR 宽幅模式（空间分辨率为 100 m，刈幅宽度为 450～510 km，入射角为 20°～49°）的遥感图像检测能力较好。而利用更高分辨率的观测模式（标准、宽幅或精细模式），可以更有效地追踪海上舰船。尽管 ScanSAR 观测模式能够覆盖较大范围，但是却无法对近岸的小渔船进行检测。图 7.8 清晰地显示了 Radarsat－1 SAR 不同观测模式检测舰船的能力，从中可以看出对于给定的观测模式，随着入射角的增加，SAR 遥感图像可以检测到体型更小的海上舰船。

7.2　SAR 海上舰船遥感检测算法

7.2.1　检测算法进展

自 1986 年挪威科学家提出首个 SAR 海上舰船检测算法至今，国内外已开发了参数法和非参数法两大类十余个 SAR 海上舰船自动检测算法。其中最主要的是“恒虚警率”CFAR(Constant False Alarm Rate)算法(Eldhuset, 1996; Vachon et al. , 1997; Wackerman et al. , 2001)，而典型的 CFAR 算法主要包括双参数 CFAR 算法(2P - CFAR)和 K - 分布 CFAR 算法。Tello 等(2005)将小波变换引入到舰船检测中，取得较好的结果。目前，星载 SAR 海上舰船探测方法已达到较高的探测精度，但大多数舰船探测方法都是基于 ERS - 1/2 SAR、ENVISAT ASAR 和 Radarsat - 1 SAR 数据而开发的，主要适用于 C 波段 VV 极化和 HH 极化的 SAR 海上舰船探测。

雷达信号的 CFAR 处理是雷达信号处理范畴的重要内容之一，是自动检测的研究重点。CFAR 算法是保持错误预警率(False Alarm Rate)为常数，由 SAR 遥感图像的强度图计算出阈值，信号强度大于此阈值的确定为舰船目标。CFAR 算法的关键是需要找到合适的概率密度函数来近似描述图像中海面杂波的分布，在双参数 CFAR 和 K - CFAR 算法中可分别用 Gaussian 分布和 K - 分布的概率密度函数描述海面杂波，二者的区别主要在于参数设计的不同。CFAR 算法为自适应阈值方法，可有效地识别信号强度大于阈值的目标，但由于舰船目标规格各异，而海面后向散射强度受海况等因素影响较大，在检测过程中无法事先知道最小舰船的散射强度。因此，合理确定阈值以减少误报和漏报是该算法面临的主要问题。此外，该方法还受到海况和船只运行速度的影响，对信噪比较弱的船信号检测率较低。并且，CFAR 方法的前提是假定探测海域各向同性的，而典型海面后向散射由于风场、陆地和各种海洋或大气现象的影响，其空间分布上一般表现为各向异性，所以 CFAR 方法在各向异性海域的错误预警率较高。

针对 CFAR 算法局限于各向同性海域，Lombardo 和 Sciotti(2001)提出分形方法检测海上舰船，该方法将各向异性的海域分成多个各向同性的区域，然后在每个小区域应用各种类型 CFAR 探测器。分形方法既适用于高分辨率遥感图像也适用于低分辨率遥感图像，并且分形结果要明显优于非分形结果。

基于 CFAR 方法和分形方法的舰船检测算法都通过模拟海洋背景场统计特征，寻找统计上与背景场相差最大的像元，而比较理想的探测器应该既考虑海洋背景的统计特征，又考虑舰船目标的统计特征。最大似然估计 LRD(Likelihood Ratio Detectors，LRD)方法则向这个目标迈进了一步。此外，Brizi 等(1999)发展了 G - GLRT 算法(Gaussian Generalised Likelihood Ratio Tes)，该方法考虑了图像中目标的阴影信息，因此可寻找暗目标附近较亮目标的像元，但由于运动船只在方位向产生位移，所以该方法不适合运动船只的检测。Lombardo 等(2001)将此方法发展为典型 CFAR 滑动窗方法，二阶数据不再特指，而是来自背景和保卫窗口之间的环形区域，Sciotti 等(2001)将 G - GLRT 探测器应用于极化舰船检测，指出 PG - GLRT(极化数据 G - GLRT)方法明显优于双参数 CFAR 方法。

7.2.2 CFAR 算法

SAR 海洋图像的背景为开阔海面，舰船目标多为运动目标，运动舰船淹没在随机变化的海杂波之中。由于海况变化复杂，舰船与海面背景的对比度也随之变化，因此，不能简单地使用常数阈值来检测舰船，而是需要采用具有自适应阈值的检测算法，同时保持恒定的虚警率。

CFAR 算法需要找到合适的概率密度函数来近似描述遥感图像中背景海面杂波的分布。假设目标的概率密度函数为 $p_1(x)$，背景海面杂波的概率密度函数为 $p(x)$，阈值 t 将背景和目标分开(图 7.9)，虚警概率 P_{fa}和目标检测概率 P_d 分别定义为：

$$P_{fa} = \int_t^{\infty} p(x)\,\mathrm{d}x \tag{7.1}$$

$$P_d = \int_t^{\infty} p_1(x)\,\mathrm{d}x \tag{7.2}$$

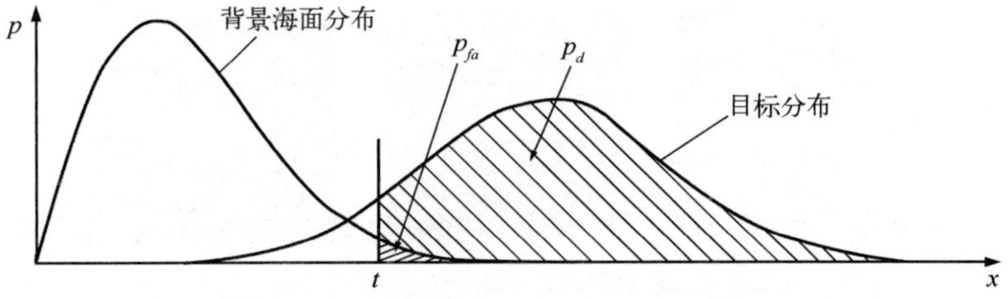

图 7.9 虚警概率与目标检测概率的示意图

由式(7.1)可知,

$$P_{fa} = 1 - \int_0^t p(x)\,dx \tag{7.3}$$

因此，可以通过求解方程

$$1 - P_{fa} = \int_0^t p(x)\,dx \tag{7.4}$$

得到阈值 t。

CFAR 算法的检测海上舰船目标步骤为：①确定海面杂波的概率密度函数；②估计概率密度函数中的相关参数；③确定 CFAR 检测器阈值。一般地，用虚警数和漏检数这两个指标来衡量检测效果。其中当背景海面被错误地检测为舰船目标时，属于虚警；当舰船目标被错误地检测为背景海面时，属于漏检。

图 7.10 显示了利用 CFAR 算法和小波算法对不同形态舰船的 ENVISAT ASAR 遥感

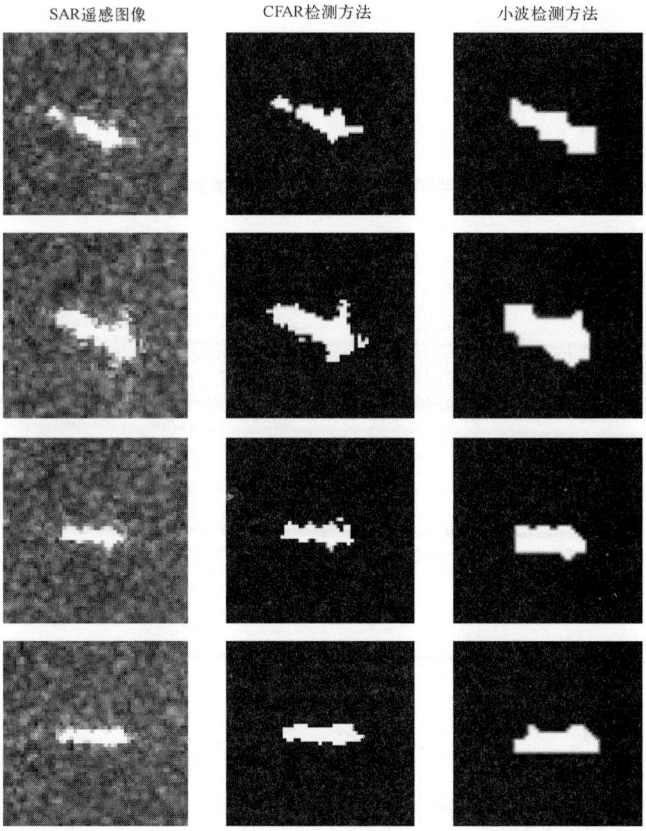

图 7.10　利用 CFAR 算法和小波算法对不同形态舰船的 ENVISAT ASAR 遥感图像进行检测后的结果对比图

图像进行检测的结果图像，从图中可以看出，CFAR 算法较小波变换算法能较好地提取 SAR 遥感图像中舰船的结构和形状信息。

7.2.3 双参数 CFAR 算法

双参数 CFAR 方法是目前经典的目标检测算法，Eldhuset(1996)最早在 ERS－1 SAR 遥感图像中使用了该方法；Casaent 等(1999)使用该方法对具有 50 m 分辨率的 SIR－C SAR 遥感数据进行舰船检测；Wackerman 等(2001)则使用该方法分别对具有 50 m 和 100 m 分辨率的 Radarsat－1 ScanSAR 遥感图像进行舰船检测。

传统的双参数 CFAR 检测基于背景海面杂波是高斯分布的假设(Novak et al.，1997)，它能够适应背景海面杂波的变化。双参数 CFAR 检测则需要 3 个滑动窗口：目标窗口 T、保护窗口和背景窗口 B(图 7.11)。保护窗口是为了防止目标的部分像素泄漏到背景窗口中，从而造成背景窗口的统计不正确；背景窗口用于背景海面杂波统计，其尺寸可以根据经验选取。由于海上舰船方向是任意的，所以适用的窗口均设为正方形。

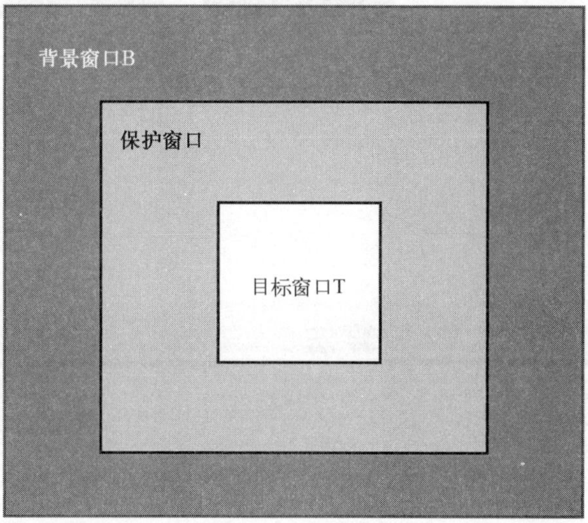

图 7.11 双参数 CFAR 检测窗口设置

设 m_T 和 m_B 分别为目标窗口和背景窗口的均值，σ_B 为背景窗口的标准偏差，双参数 CFAR 检测器可以简单描述为：

$$
\begin{cases}
\dfrac{m_T - m_B}{\sigma_B} > K_{\mathrm{CFAR}} \Rightarrow \text{目标} \\
\dfrac{m_T - m_B}{\sigma_B} \leqslant K_{\mathrm{CFAR}} \Rightarrow \text{背景}
\end{cases}
\tag{7.5}
$$

式中，K_{CFAR}为标称化因子，通常为常数，它控制虚警概率。

为了检测不同尺寸和不同航向的海上舰船目标，需要选择适合的目标窗口尺寸。如果使用小船尺寸作为目标窗口的尺寸，那么对于大船，许多像素将位于背景窗口，从而增加 m_B 和σ_B，使得检测率结果减小；如果使用大船尺寸作为目标窗口的尺寸，那么对于小船，同样会使得检测率减小。通常目标窗口尺寸为小船目标尺寸的 2 倍，保护窗口为大船目标的 2 倍，背景窗口尺寸为(保护窗口尺寸 +2N，通常 N 取为 3)(种劲松等，2006)。

双参数 CFAR 具有以下特点：

(1)基于目标周围背景海面杂波为高斯分布的假设；

(2)局部滑动窗口内背景海面杂波绝大多数情况下成分比较单一，避免了对整幅图像统计特性的考虑；

(3)需要目标的先验知识来确定目标的最大、最小尺寸，以选取合适的目标窗口、保护窗口及背景窗口的尺寸；

(4)局部滑动窗口使得每个像素均参与了过多的运算，因此计算量大，运行时间长，且运行时间与窗口的尺寸有关；

(5)杂波边缘以及多目标情况出现时，该算法不稳定。

7.2.4 K－分布 CFAR 算法

Jakeman 和 Pusey(1976)引入的 K－分布模型由于很好地描述了海面杂波分布而被广泛接受，并得到越来越多的重视。Vachon 等(1997)和 Jiang 等(2000)都使用 K－分布 CFAR 算法对 RADARSAR－1 SAR 遥感图像上的舰船进行检测；加拿大商用软件 OMW 也使用该算法进行海上舰船目标检测(2000)。然而，K－分布并不适用于所有类型的 SAR 遥感图像。Yeremy 等(2001)指出，K－分布 CFAR 算法不能用于 CCRS C/X SAR 遥感数据。DECLIME 计划(2005)的报告中也指出，ENVISAT ASAR 交叉极化遥感数据也不满足 K－分布，无法使用 OMW 软件进行舰船检测。

利用K－分布CFAR算法进行海面舰船检测，首先要估计出背景海面杂波K－分布模型中的参数，然后根据给定的虚警概率，通过求解虚警概率方程得到检测阈值。在K－分布模型中，SAR遥感图像海面杂波的雷达截面积(σ)的概率密度函数$P_{\sigma}(\sigma)$可用Gamma分布来描述，雷达观测强度(I)在给定雷达截面积下的条件概率密度函数$P_{I|\sigma}(I|\sigma)$也满足Gamma分布。考虑到SAR遥感图像的乘积模型统计特性，其观测强度I的概率密度函数为：

$$\begin{aligned} p(I) &= \int P_{I|\sigma}(I|\sigma)P_{\sigma}(\sigma)\mathrm{d}\sigma \\ &= \frac{2}{I\Gamma(v)\Gamma(L)}\left(\frac{LvI}{\langle I\rangle}\right)^{\frac{L+v}{2}}K_{v-L}\left(2\sqrt{\frac{LvI}{\langle I\rangle}}\right) \end{aligned} \tag{7.6}$$

式中，$\langle I\rangle$为均值；v为形状参数；L为SAR遥感图像视数；$\Gamma(v)$为Gamma函数；K_{v-L}为$v-L$阶修正的贝塞尔函数。式(7.6)概率密度的分布被定义为K－分布。

利用K－分布进行海上舰船检测时，首先要选定海洋背景区域，对背景区域中的像素观测强度进行统计计算，分别求出均值和方差的估计值：

$$E(I) = \frac{1}{N}\sum_{i=1}^{N} I_i \tag{7.7}$$

$$Var(I) = \frac{1}{N}\sum_{i=1}^{N} I_i^2 - \left(\frac{1}{N}\sum_{i=1}^{N} I_i\right)^2 \tag{7.8}$$

式中，I_i为像素观测强度；N为背景窗口的像素总数。通过均值、统计方差与形状参数之间的关系式求出K－分布概率密度函数的形状参数v。

$$Var(I) = \left[\left(1+\frac{1}{v}\right)\left(1+\frac{1}{L}\right)-1\right]E^2(I) \tag{7.9}$$

求解虚警概率方程(7.4)(其中P_{fa}通常选为10^{-9}到10^{-7})，即可得到检测阈值I_d。根据检测阈值I_d，判断待检测像素X_T是否为目标像素。其中目标检测判决准则为：

$$\begin{cases} X_T > I_d \Rightarrow \text{目标} \\ X_T \leq I_d \Rightarrow \text{背景} \end{cases} \tag{7.10}$$

K－分布CFAR算法具有以下特点：

(1)具有完整的理论推导，提供了精确的背景海面海杂波分布模型；

(2)对于背景图像预先进行统计，从而得到全局阈值；

(3)由于是全局阈值，不必对每个像素都进行统计计算，计算速度相对较快。

综上可见，双参数 CFAR 算法和 K－分布 CFAR 算法各有自身的特点，通过使用两种经典算法对 Radarsat－1 不同观测模式的 SAR 遥感图像进行海上舰船检测后发现：双参数 CFAR 算法适用于 Radarsat－1 ScanSAR 遥感图像；K－分布 CFAR 算法适用于 Radarsat－1 标准模式 SAR 遥感图像。因此，对于不同观测模式、不同类型的 SAR 遥感图像，应该选择不同的目标检测算法。

7.3 SAR 船尾迹遥感检测

海面运动舰船在水面留下的痕迹被称为尾迹。1978 年，人们第一次在 SEASAT SAR 遥感图像上发现了海表面延伸 20 km 长的船尾迹。自此，SAR 遥感图像上船尾迹的研究受到越来越多的重视。在 SAR 遥感图像中，船尾迹通常以线形特征的形式表现，有亮线和暗线两种。因此，利用 SAR 遥感图像进行运动舰船检测时，除了利用上节提到的直接在海面 SAR 背景中检测舰船目标本身的方法，也可通过检测舰船在海面运动时产生的尾迹。船尾迹检测的优势在于尾迹在遥感图像中的唯一性，它在 SAR 遥感图像中多呈现出直线特征，在运动的舰船后可绵延几千米到十几千米，持续存在几个小时，比舰船目标信号更加容易被检测到。

7.3.1 SAR 遥感图像船尾迹类型

运动舰船 SAR 遥感图像上形成的尾迹表现形式一般可分如下 3 类。

(1)由舰船直接产生的表面波尾迹：该类尾迹主要由船体对水面的扰动引起，它又可分为两类：一类是包含短波(厘米波)的窄“V”形尾迹，它通过 Bragg 散射机制被 SAR 观测到，在 SAR 遥感图像上以亮的、窄“V”形航迹的形式出现；另一类则是包含长波(分米波)的开尔文(Kelvin)尾迹，它可形成典型的开尔文波。

(2)湍流引起的尾迹，称为湍流尾迹，该类尾迹由船体排水和螺旋桨喷射造成。在中等风速条件下(>3 m/s)，周围海面粗糙度变大，而尾流却相对于周围海面显得很平滑，SAR 观测到尾迹是一条沿航向的狭长黑线，由 NASA 解译的普通高空照片显示船尾迹可远至船后 100 km。

(3)舰船产生的内波尾迹，该类型尾迹是在一定的海水层化条件下产生的。

表7.1列出了不同尾迹的SAR图像特征及成像机理。

表7.1 海面舰船尾迹分类和特征

船只海面尾迹分类		SAR图像特征	尾迹成像机理	尾迹角度
表面波	开尔文尾迹	开尔文臂	倾斜和水动力调制	夹角约为39°
	窄“V”形尾迹	窄“V”形亮线	Bragg作用	夹角小于10°
湍流尾迹		暗条带，伴随亮边缘	流场和抑制作用	轴线附近
内波尾迹		多“V”形内波尾迹	流场作用	依赖于船速

7.3.1.1 开尔文尾迹

Lord Kelvin于1887年最先在理论上解释了运动物体在水面产生扰动的波模式，该波模式称为开尔文尾迹。经典的开尔文尾迹由横波、扩散波和尖波组成，半张角为19.5°(图7.12)。横波近似沿舰船航行方向传播(即波峰近似垂直于舰船航行方向)，其传播方向(即舰船航线与波传播方向之间的夹角)介于0°和35°16′之间，波长为(Lyden et al.，1988)：

$$\lambda_{tw} = 2\pi V_s^2/g \tag{7.11}$$

式中，V_s为舰船航行速度；g为重力加速度，利用该式可以计算舰船航速。扩散波沿近似与舰船航行方向垂直的方向向外传播，其传播方向介于35°16′和90°之间。横波和扩散波两种类型的波相干产生“V”形尖波，其传播方向为35°，其波长为：

$$\lambda_{cw} = 4/3\pi V_s^2/g \tag{7.12}$$

对于大的缓慢航行的海上舰船(舰船长度l大于V_s^2/g)，尖波的传播方向和波长都会发生变化。

实际上，舰船产生两对开尔文臂，一对产生于船首，另一对产生于船尾。船首的开尔文臂幅度总是高于船尾的开尔文臂。尽管开尔文尾迹不如湍流尾迹那样经常被SAR探测到，但开尔文尾迹也会在具有较高分辨率的SAR遥感图像上成像。在SAR遥感图像上，舰船航行背后一般会出现湍流尾迹，在湍流尾迹两边，经常会出现双开尔文臂，有时出现一亮臂、一暗臂，有时船只航行背后仅出现横波，有时开尔文臂和横波在SAR遥感图像上都看不到。图7.14是SAR遥感图像开尔文尾迹示例图，从图中可以看到开尔文尾迹的双臂，但是左臂信号较弱。此外图中还显示了舰船后面一个较弱的暗湍流尾迹。

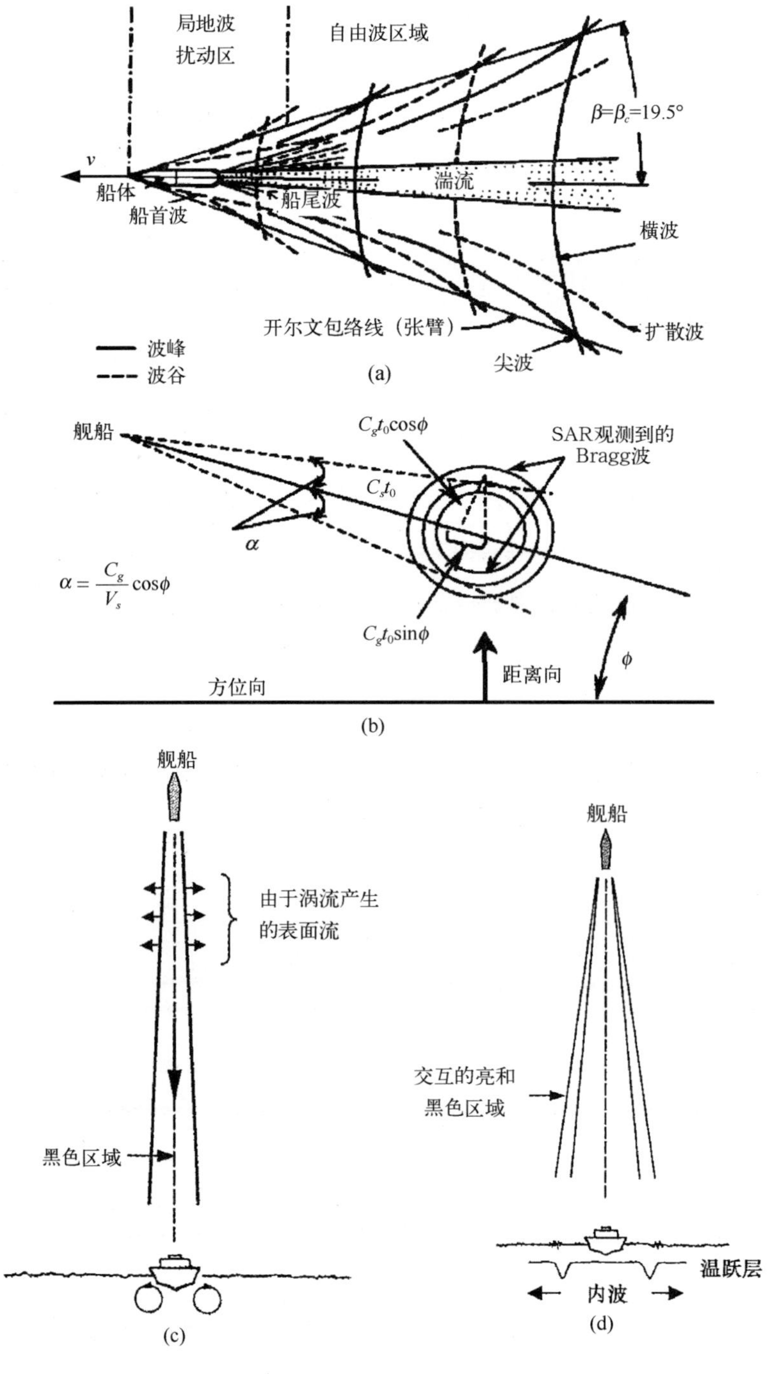

图 7.12　SAR 船尾迹遥感成像机理示意图

(a)开尔文尾迹；(b)窄“V”形尾迹；(c)湍流尾迹；(d)内波尾迹

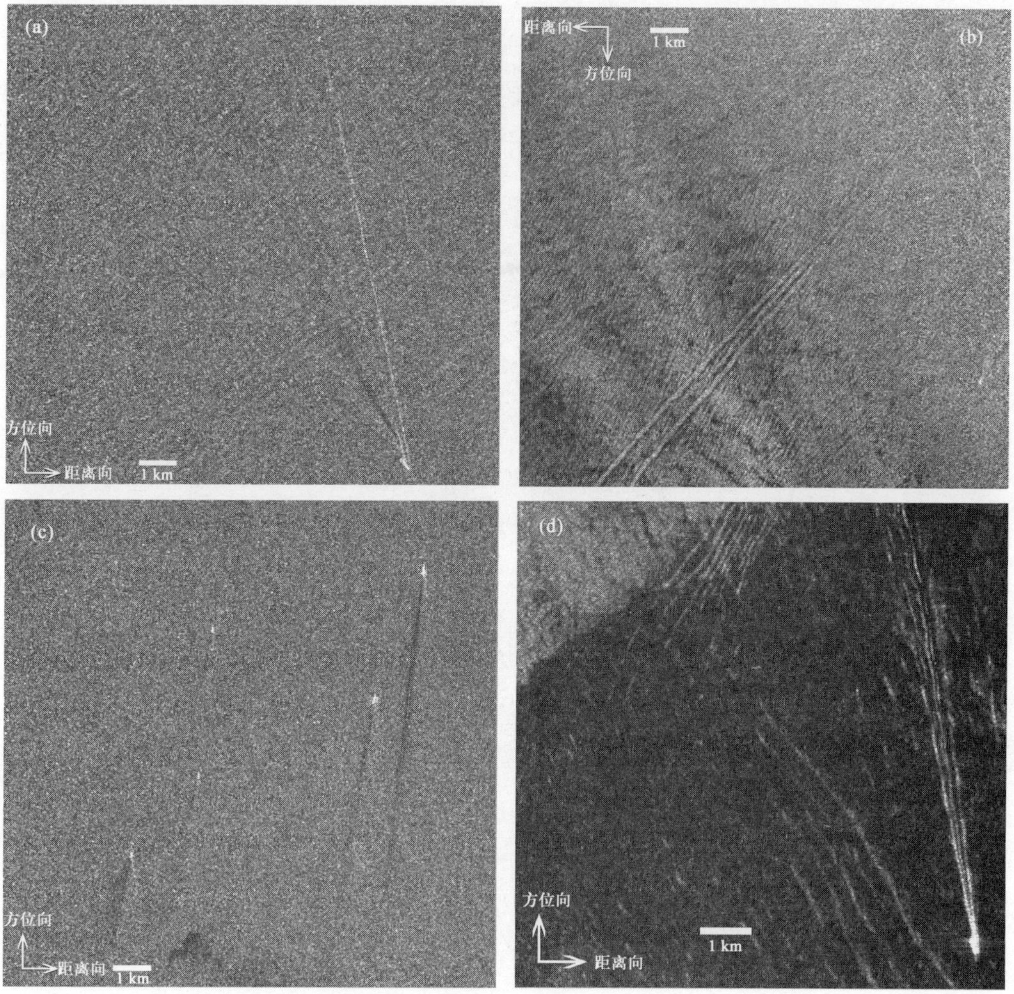

图7.13　青岛近海海域4类型船尾迹SAR遥感图像

(a)开尔文尾迹；(b)窄“V”形尾迹；(c)湍流尾迹；(d)内波尾迹

研究表明，SAR探测开尔文尾迹的可能性随海面风向和雷达频率变化不大，但随海面风速和入射角的减小而增加，且HH极化方式优于VV极化方式。然而，ERS-1/2 VV极化方式的SAR遥感图像上比Radarsat-1 HH极化方式的SAR图像能显示更多的船尾迹特征，这是因为ERS-1/2 SAR的信噪比较高(Wackerman et al.，2001)。

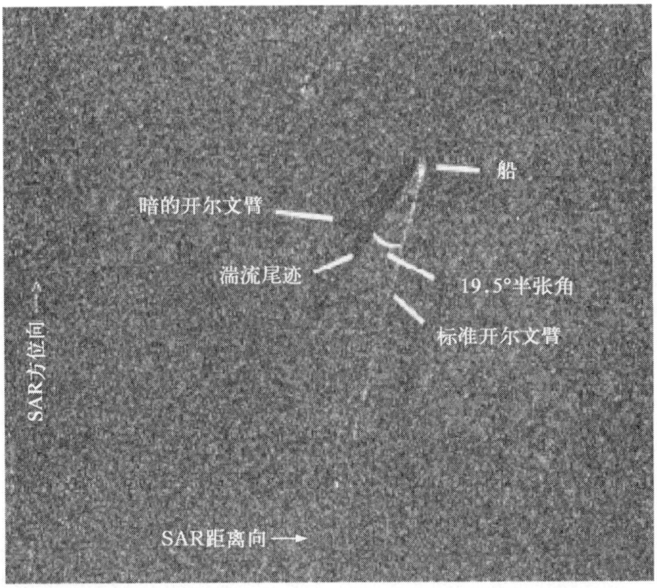

图 7.14　2002 年 4 月 15 日 23:56 UTC 获得的路易斯安那海岸附近墨西哥湾 Radarsat－1 SAR 遥感标准模式图像

7.3.1.2　窄"V"形尾迹

SAR 遥感图像上有时显示的亮的窄"V"形尾迹来自海面微尺度波的 Bragg 散射。基于 Bragg 散射理论，Lyden 等(1988)提出了窄"V"形尾迹模型。图 7.12(b)和图 7.13(b)描述了窄"V"形尾迹特征，它是 SAR 遥感图像上特有的，是由于环绕重力波与湍流尾迹相互作用增加环绕波而形成的，其半张角 α 为 2°～3°，可由如下公式表示(Lyden et al.，1988)：

$$\alpha = \tan^{-1}\left(\frac{C_g}{V_s}\cos\phi\right) \tag{7.13}$$

式中，C_g 是 Bragg 波的群速度；ϕ 是雷达方位向与舰船航向的夹角。

考虑到窄"V"形尾迹的张角很小，式(7.13)可近似为：

$$\alpha = \frac{C_g}{V_s}\cos\phi \tag{7.14}$$

由于窄"V"形尾迹遥感成像要求海面特别平静，因此在 SAR 遥感图像中并不常见。图 7.15 是机载 SAR 遥感图像窄"V"形尾迹示例图，图中 Quapaw 船正以 8 m/s 的速度航行，窄"V"形尾迹半张角约为 2.5°。

图7.15 1983年7月28日获得的美国华盛顿达波湾机载SAR遥感图像
（L波段，HH极化，入射角为27°）

7.3.1.3 湍流尾迹

湍流尾迹是SAR遥感图像中最常见的尾迹形式，一般表现为沿着舰船航迹的一条较暗的窄线[图7.13(c)]。舰船运动轨迹后的湍流区域回波在舰船航迹附近受到抑制，与X波段相比，这种抑制现象在L波段发生得比较频繁(Lyden et al.，1988)。

图7.16给出了不同星载SAR探测到的湍流尾迹特征，可以看出，在不同的SAR系统和不同海况条件下，湍流尾迹也表现为不同的图像特征。

7.3.1.4 内波尾迹

舰船航行过程中，可对盐度跃层和温度跃层产生扰动，当出现强的、浅的密度跃层时，船体的扰动可直接产生内波，而在船体两侧产生的涡旋也可以产生内波。这些扰动使表面海流产生辐聚辐散，并与小尺度的表面波相互作用改变海面粗糙度的变化，从而内波尾迹被SAR遥感成像，并在SAR遥感图像上呈现多重的“V”形。图7.12(d)描述了舰船内波尾迹的产生机理。

海上舰船的内波尾迹并不总是存在的，对于吃水较浅的船只或在海水层结性不强的海域，内波尾迹不会出现。而对于吃水较深的船只或在海水层结性较强、层结深度较浅的海域，内波尾迹才能被SAR观测到(种劲松等，2006)。图7.17给出了舰船内波尾迹的机载SAR遥感图像示例图。

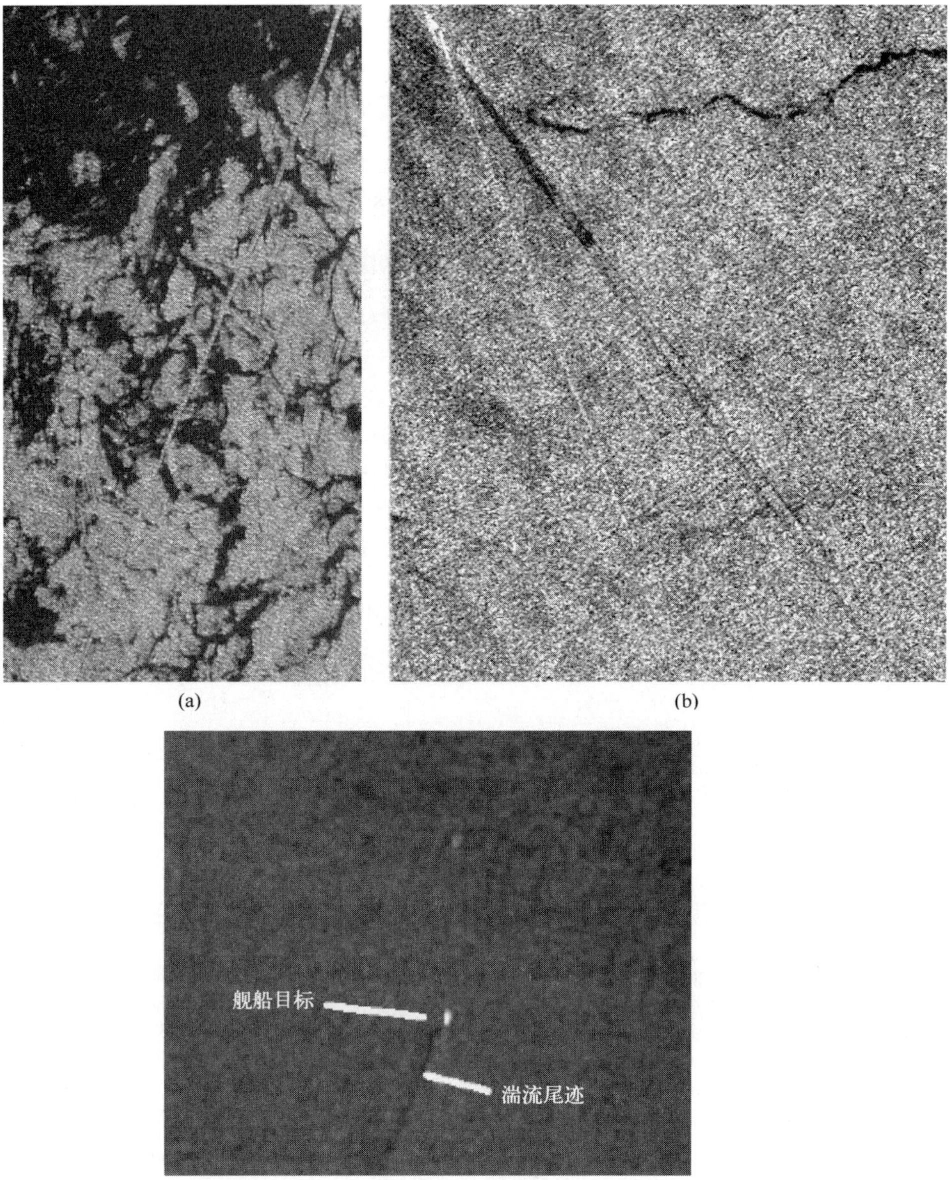

(a) (b)

(c)

图 7.16 (a)1996 年 4 月 9 日 03:07 UTC 获得的中国南海海域 ERS－1 SAR 遥感图像。图中船只目标在图像左下角，湍流尾迹表现为一亮线；(b)1996 年 5 月 4 日 16:00 UTC 获得的马六甲海峡 ERS－1 SAR 遥感图像。图中船只目标在左上角，湍流尾迹后端表现为两条几乎平行的暗线，这可能是由湍流尾迹边缘海面流场的辐聚表面膜而形成的。此外图像上还显示了开尔文尾迹的左臂(亮线)；(c)1998 年7 月 30 日 22:40 UTC 获得的新泽西海岸的 Radarsat－1 SAR 标准模式遥感图像，图中显示了一艘船只及其湍流尾迹，尾迹长约为 4 km

图7.17　1989年8月13日获得的苏格兰林妮湖海湾AIRSAR遥感图像(L波段，VV极化)

注：该海湾的海水具有强烈的层化特征，图中显示了船只产生的内波尾迹(平行的亮暗条带)。

7.3.2　SAR船尾迹遥感成像的影响因素

不同形式的船尾迹在SAR遥感图像上并非都能显示出来，在SAR遥感图像中出现概率最大的是暗湍流尾迹，其次是开尔文尾迹，窄“V”形尾迹和内波尾迹在SAR遥感图像中比较少见。与影响SAR舰船检测能力的因素类似，舰船因素、海洋因素和SAR系统参数因素也是影响船尾迹遥感成像的3个主要因素。舰船因素包括船只类型、排水量、发动机系统和船速等。与影响舰船检测能力的海洋因素不同，除海况因素外，海水层化条件等海洋环境对船尾迹遥感成像的影响也很大。

影响船尾迹遥感成像的SAR系统因素主要包括雷达波段、极化方式、观测模式、分辨率和入射角等。Eldhuset(1996)统计研究表明，对于ERS-1和SEASAT SAR遥感图像，36.7%的海上舰船没有船尾迹；对Radarsat-1 SAR遥感图像，由于其入射角较大，这个数字更大；对JERS-1 SAR遥感图像，由于入射角较大，根本看不到尾迹。此外，仿真实验表明，L波段SEASAT SAR遥感图像上的船尾迹特征比C波段ERS-1/2或Radarsat-1 SAR遥感图像上的船尾迹更加清楚。因此，Eldhuset(1996)认为，检测舰船比检测舰船尾迹更重要。Vachon等(1997)也同样指出，对于Radarsat-1 SAR遥感图像，关键是舰船目标检测，而非船尾迹检测。

基于同步的机载X波段和L波段SAR飞行实验，Lyden等(1986)总结出了船尾迹与海洋环境和SAR系统参数之间的关系，如表7.2所示。

表 7.2　SAR 船尾迹遥感成像检测与海洋环境和 SAR 系统参数之间的关系

船尾迹类型	风速(m/s)	海水层化	SAR 工作波段	SAR 视向
开尔文尾迹	3～10	任何	L、X	任何(不能确定)
窄“V”形尾迹	<3	任何	L	任何
湍流尾迹	3～10	任何(不能确定)	L、X(L 波段对比度更高)	任何(0°最好)
内波尾迹	3～10	密度跃层	L、X(L 波段通常更好)	任何(0°最好)

7.3.3　SAR 船尾迹检测算法

通常情况下，船尾迹可以视为具有一定宽度的线性特征体，不一定是笔直的；船尾迹可能比海面背景亮，也可能比海面背景暗。此外，SAR 遥感图像具有内在的斑点噪声，图像中可能存在其他非船尾迹的线性结构。这些都会给船尾迹检测算法的研究增加难度。

SAR 船尾迹的检测算法很多，基本上可分为基于 Radon 变换的检测算法(Murphy，1986；Rey et al.，1990，1993；Copeland et al.，1995；Lin et al.，1997)、基于 Hough 变换的算法(Hogan et al.，1991；种劲松等，2004)和基于曲线扫描的检测算法(Eldhuset，1996；种劲松等，2004)等，其中基于 Radon 变换的检测算法能有效获取船尾迹的线性特征，是船尾迹检测的主要方法之一。Murphy(1986)将 Radon 变换用于 SAR 遥感图像中的线性特征增强和检测；Rey 等(1990)结合 Radon 变换、高通滤波和 Wiener 滤波器进行了 SEASAT SAR 遥感图像船尾迹检测；Rey 等(1993)利用 Dempster－Shafer 算法降低了船尾迹检测的虚警率；Copeland 等(1995)对短的线段而非整景遥感图像使用 Radon 变换，开发了特征空间线性检测器(FSLD)，提出了局部 Radon 变换算法；Lin 等(1997)将 Randon 变换和形态滤波结合用于 ERS SAR 遥感图像船尾迹检测。

随着 SAR 遥感图像船尾迹检测研究的不断深入，越来越多的方法被引入到了 SAR 船尾迹检测中来。例如，Fitch 等(1991)对机载 AIRSAR 遥感图像使用人工神经网络的方法帮助判读 Radon 变换后的船尾迹；Kuo 和 Chen(2003)提出了基于小波变换的船尾迹检测算法。

国内对于船尾迹的检测多集中在对开尔文尾迹、窄“V”形尾迹等线性特征船尾迹的检测上，这些船尾迹的主要特点是在 SAR 遥感图像上可以形成明显的“V”字形或者直线，其船尾迹检测方法主要是结合 Radon 变换与形态学图像处理技术进行。王世庆等(2001)提出了利用形态学滤波技术进行船尾迹检测的算法；汤子跃等(2002)利用 Radon 变换实现了船尾迹 CFAR 检测；张宇等(2003)将 Radon 变换局部化，克服了 Radon 变换方法的局限性，使船尾迹信号在背景噪声较强时依旧能被检测出来，并且能检测出相对于整景遥感图像尺寸较小的尾迹。当海上舰船转弯或海浪影响等多种情况发生时，船尾迹不再是直线形状，而是成为一种非线性的分布目标，针对这种情况，王大旗等(2005)提出了一种基于生理视觉的静态边界轮廓系统和移动窗口形态滤波，并且转换成二值图像，运用二值形态滤波对线状要素进行分类；邹焕新等(2005)则利用非线性分布目标检测方法对船尾迹进行了检测。

本节主要介绍基于 Radon 变换的检测算法、基于 Hough 变换的检测算法和基于曲线扫描的检测算法。

7.3.3.1　基于 Radon 变换的算法

Radon 变换是奥地利数学家 J. Radon 于 1917 年提出的，该方法被大量应用于医学图像重建。1990 年，Rey 等首次将 Radon 变换方法用于舰船尾迹检测。

Radon 变换是探测图像中直线型特征的常用方法。在二维欧几里得空间中，定义为：

$$f(\rho,\theta) = \iint_D f(x,y)\delta(\rho - x\cos\theta - y\sin\theta)\,\mathrm{d}y\mathrm{d}x \tag{7.15}$$

式中，D 为 $x-y$ 平面，即图像平面；$f(x, y)$为(x, y)处的图像强度(即灰度值)；$\theta-\rho$ 平面为变换平面，ρ 为原点到直线的距离，θ 为直线的法线与 x 轴的夹角；δ 为 Dirac delta 函数：

$$\delta(\rho - x\cos\theta - y\sin\theta) = \begin{cases} 1, & \rho = x\cos\theta + y\sin\theta \\ 0, & \rho \neq x\cos\theta + y\sin\theta \end{cases} \tag{7.16}$$

Radon 变换在平面图像域中沿任何可能存在的直线将其像素的亮度进行积分使得线性特征更为明显，直线的积分对应于 Radon 变换空间中为一个单点(图 7.18)。一般来说，如果 SAR 遥感图像中的一条直线上像素的强度不同于背景场，在变换域就能得到一个亮(高于平均值)或暗(低于平均值)的峰值，变换域中的亮或暗的点对应于原图像中亮或暗的直线。

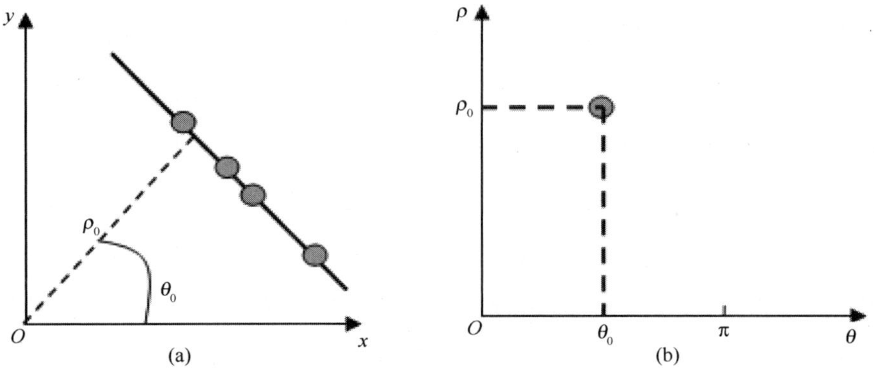

图 7.18　Radon 变换原理示意图

(a)图像空间；(b)变换空间

Radon 变换的一个优点是通过积分过程在变换域中消除了噪声，变换域中的信噪比要高于原图像，另一优点是对于因自然因素引起的线性特征不会进行积分。δ 函数的存在迫使 $f(x, y)$ 沿着一条法线表达式为 $\rho = x\cos\theta + y\sin\theta$ 的线段进行积分。这样原图像经过变换后，在 $\theta - \rho$ 平面上刻画出图像特征。

Radon 变换通过对图像平面内所有可能直线积分来增强图像的线性特征，它的局限性主要体现在以下 5 个方面。

(1)SAR 遥感图像中以暗线特征呈现的船尾迹检测率较低；

(2)如果船尾迹相对于遥感图像尺寸过小，在检测过程中很容易被噪声掩盖；

(3)Radon 变换检测船尾迹不能标记船尾迹的起点和终点；

(4)即使线性特征跨越整张 SAR 遥感图像，若其存在曲线特征时，该变换也无法提供合理的检测结果；

(5)计算量大。

7.3.3.2　基于 Radon 变换的改进算法

1)Dempster – Shafer 算法

针对 Radon 变换算法的局限性，Rey 等(1993)在 Radon 变换的基础上，加入了一种数据处理方法——Dempster – Shafer(针对大量数据的经验曲线)算法，使用 Dempster – Shafer 算法可以降低船尾迹检测的虚警率。

Dempster－Shafer 算法是一种对本身不同传感器若干部分数据进行融合的方法：假设若干峰值经过 Wiener 滤波器滤波后，按照3种可能的结果以 $pd1$（船尾迹信号概率）、$pd2$（自然信号概率）和 $pd3$（不确定因素概率）标注不同情况下的概率，如果另一类传感器给出新的概率是 $p1$（海上舰船目标信号概率）、$p2$（自然信号概率）和 $p3$（不确定因素概率），Dempster－Shafer 算法为每种可能性分别计算一个集合，即：

$$m1 = p1pd1 + p1pd3 + p3pd1 \quad \text{（尾迹信号）} \tag{7.17a}$$

$$m2 = p2pd2 + p3pd2 + p2pd3 \quad \text{（自然信号）} \tag{7.17b}$$

$$m3 = p3pd3 \quad \text{（不确定因素）} \tag{7.17c}$$

Rey 等（1993）使用24景 SEASAT SAR 遥感图像验证了运用 Dempster－Shafer 算法的全自动船尾迹检测系统。在检测过程中，先得出船尾迹特征不同情况的概率（$pd1$、$pd2$ 和 $pd3$），再融合舰船目标不同情况的概率（$p1$、$p2$ 和 $p3$）。结果，在24景 SAR 遥感图像中有21景遥感图像能正确地检测出船只（从93艘舰船中检测出86艘），另外三景 SAR 遥感图像中未检测出船只，其中有两景是由于星载 SAR 传输的数据错误所致，另一景是由于海况太差导致。

2）局部 Radon 变换算法

Copeland 等（1995）提出了船尾迹检测的局部 Radon 变换方法。局部 Radon 变换方法的主要特点是将 Radon 变换局部化，虽然还是在整景遥感图像中运行 Radon 变换，但在积分时设置适当的上下限，使积分在线性特征被分割后的线段上进行，而非在整条线上进行。

局部 Radon 变换算法可以表示为：

$$f(\rho,\theta) = \int_{x_{\min}}^{x_{\max}} \int_{y_{\min}}^{y_{\max}} f(x,y)\delta(\rho - x\cos\theta - y\sin\theta)\,\mathrm{d}y\mathrm{d}x \tag{7.18}$$

式中，

$$x_{\max} = \max[\rho\cos\theta - \sigma\sin\theta, \rho\cos\theta - (\sigma + \lambda)\sin\theta] \tag{7.19a}$$

$$x_{\min} = \min[\rho\cos\theta - \sigma\sin\theta, \rho\cos\theta - (\sigma + \lambda)\sin\theta] \tag{7.19b}$$

$$y_{\max} = \rho\sin\theta + (\sigma + \lambda)\cos\theta \tag{7.19c}$$

$$y_{\max} = \rho\sin\theta + \sigma\cos\theta \tag{7.19d}$$

其中，σ 是移位参数，取值范围是$\left[-\frac{d}{2}, +\frac{d}{2}-\lambda\right]$；$d$ 为图像对角线方向上的像素数；λ

是积分线长度。图7.19描述了局部Radon变换算法的示意图，其中ε是小于λ的常数。

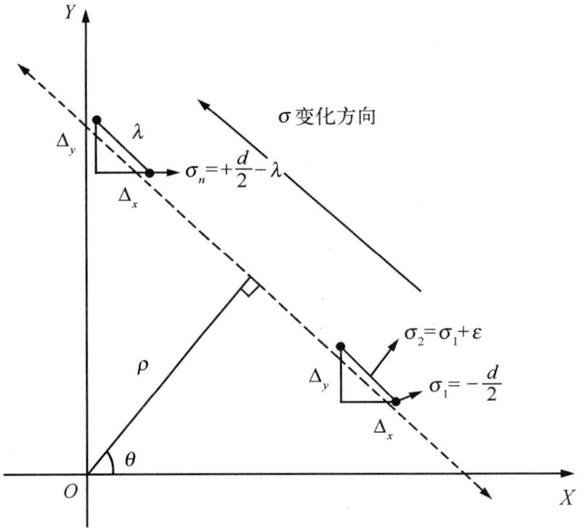

图7.19 局部Radon变换示意图

局部Radon变换方法克服了Radon变换方法的局限，使船尾迹信号在背景噪声较强时依旧能被检测出，并且能检测出相对于整幅遥感图像船尾迹尺寸较短小的船尾迹。但其缺点是运算更复杂，计算量大。

7.3.3.3 基于Hough变换的算法

基于Hough变换(Hough，1962)的船尾迹检测算法不仅能检测到船尾迹线性特征，同时还可以提取船尾迹端点坐标，从而实现自动计算海上舰船航速(种劲松等，2004)。其检测过程是从图像空间映射到Hough变换空间，再提取线性特征，输出的结果是船尾迹的两个端点坐标。

Hough变换是一种从多维图像中提取独立几何特征信号的方法(Hogan et al.，1991)，它的执行相当于一个直线匹配滤波，这些被提取出来的信号就是尾迹特征。Hough变换与Radon变换的不同之处在于：①Hough变换基于数值方法，而先于计算机出现的Radon变换是基于解析方法；②Hough变换的图像和变换空间是量化的，而Radon变换是连续的。需要指出的是，在考虑二值图像时，Hough变换等价于Radon变换，因此，二值图像的Hough变换是Radon变换的特殊情况。

记 $N \times N$ 二值图像(x_i, y_j)像素的灰度值是$f(x_i, y_j)$，图像空间中的直线用极坐标形式可表示为

$$\rho = x_i\cos\theta + y_j\sin\theta, \rho \in \left[-\frac{\sqrt{2}}{2}N, \frac{\sqrt{2}}{2}N\right], \theta \in [0, \pi) \tag{7.20}$$

$\rho - \theta$ 参数空间中，设 θ 在$[0, \pi)$之间均匀地取 M 个离散值，ρ 的采样个数为 K，则直线检测的标准 Hough 变换(即传统的用于二值图像的 Hough 变换)的算法可以描述为：

(1)初始化参数空间 $H(\rho_k, \theta_m)$

$H(\rho_k, \theta_m) = 0$，$k = 0, 1, \cdots, K-1$；$m = 0, 1, \cdots, M-1$

(2)计算参数空间中的值

for ($m = 0$ to $M-1$ step $\frac{\pi}{M}$)

for ($i = 0$ to $N-1$)

for ($j = 0$ to $N-1$)

if ($f(x_i, y_j) = 1$) then

$\{\rho = x_i\cos\theta_m + y_j\sin\theta_m$

$H(\rho, \theta_m) = H(\rho, \theta_m) + 1\}$

Hough 变换后，图像平面内的直线对应于变换平面内的一个峰值，从而将图像平面中寻找直线特征的问题就转化为变换平面中寻找峰值的问题。

种劲松等(2004)从提取船尾迹的端点坐标出发，在标准 Hough 变换算法的基础上进行改进，提出了基于归一化灰度 Hough 变换的 SAR 船尾迹检测算法，并推导出船尾迹端点反演算法，同时提取海上舰船的航速，取得了较好的实验结果。

7.3.3.4 基于曲线扫描的算法

Eldhuset(1996)提出了曲线扫描算法，并利用此方法对 ERS SAR 遥感图像进行了船尾迹检测。曲线扫描算法是以一点为中心，以给定长度为半径，计算某给定角度方向上像素点灰度的均值和方差等，再按照一定的步长变换角度方向，围绕中心点扫描一周(图 7.20)。用此方法可以得到各个不同方向上一定范围内的像素点灰度均值，从而得到一条扫描曲线(图 7.21)。

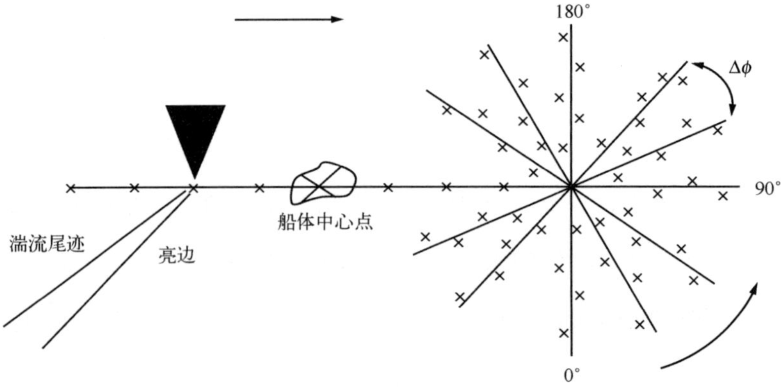

图 7.20　曲线扫描算法原理示意图

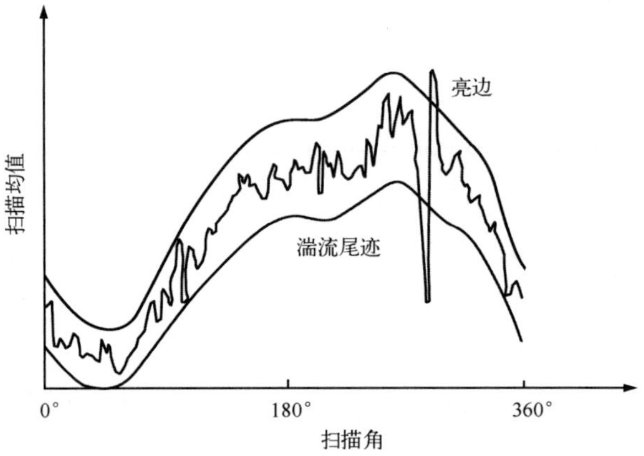

图 7.21　湍流尾迹相关特征的扫描曲线实例图

7.4　小结

SAR 遥感图像上最常见的海上舰船特征来自舰船目标的直接回波信号，表现为比海洋背景场亮得多的单个像素点或一组像素。并且在很多情况下，SAR 遥感图像上能够观测到船尾迹特征，包括湍流尾迹、具有 19.5°半张角的开尔文尾迹、低风速下的窄“V”形尾迹，以及海洋层化条件下的内波尾迹。

国内外科学家提出的 SAR 舰船目标检测和船尾迹检测的相关检测算法各有其优势，需要根据 SAR 遥感图像分析决定。存在船尾迹的遥感图像，可以进行船尾迹检测，如

ERS SAR 遥感图像；但船尾迹特征在遥感图像上不存在时，不能进行船尾迹检测，如JERS－1 SAR 遥感图像；对于 Radarsat SAR 和 ENVISAT ASAR 等遥感图像，则需要根据其观测模式决定是否进行舰船目标检测或船尾迹检测。

尽管海上舰船目标自身的结构和大小、海况和海水层化等海洋因素以及雷达波段、入射角、极化方式等 SAR 系统因素和图像质量、分辨率均在一定程度上影响或限制了 SAR 海上舰船目标检测和船尾迹检测能力，但星载 SAR 仍是探测海上舰船和航行船只信息(位置、分布、航向、航速等)不可多得的手段，并且这些信息在海上交通运输、渔业管理、海洋权益维护、海洋军事以及海洋科学研究等各方面均发挥着极其重要的作用。

参考文献

陈鹏，黄韦良，傅斌，等. 2005. 一种改进的 CFAR 船只探测方法. 遥感学报，3：260－264.

种劲松，朱敏慧. 2003. SAR 图像舰船目标检测算法的对比研究. 信号处理，19(6)：580－582.

种劲松，欧阳越，朱敏慧. 2006. 合成孔径雷达图像海洋目标检测，北京：海洋出版社.

种劲松，朱敏慧. 2003. SAR 图像舰船及其尾迹检测研究综述. 电子学报，31(9)：1 356－1 360.

种劲松，朱敏慧. 2004. 基于归一化灰度 Hough 变化的 SAR 图像舰船尾迹检测算法. 中国图象图形学报，9(2)：146－150.

范义. 2005. 合成孔径雷达图像海面舰船尾迹检测方法研究. 北京：中国科学院研究生院.

冯锦. 2005. SAR 海面回波信号和图像的统计分析与应用. 北京：中国科学院电子学研究所.

韩昭颖，种劲松. 2006. 极北合成孔径雷达图像船舶目标检测算法，测试技术学报，20(1)：65－70.

侯四过，张红，王超，等. 2002. 基于高斯混合模型的海面运动目标检测. 遥感学报，9(1)：50－55.

金亚秋. 2005. 地海环境中目标检测的微波遥感信息技术. 遥感技术与应用，20(1)：11－17.

李海艳. 2007. 极化 SAR 图像海面船只检测方法研究. 青岛：中国科学院海洋研究所.

舒士畏，赵立平. 1988. 雷达图像及其应用. 北京：中国铁道出版社.

孙丰荣，刘积荣. 2001. 快速霍夫变换算法. 计算机学报，24(10)：1 102－1 109.

汤子跃，朱敏慧，王卫延. 2002. 一种 SAR 图像舰船尾迹的 CFAR 检测方法. 电子学报，30(9)：1 336－1 339.

王爱明. 2002. 海洋舰船尾迹合成孔径雷达成像仿真研究. 北京：中国科学院电子学研究所.

王大旗，朱敏慧. 2005. SAR 图像非线性分布目标检测方法研究. 电子与信息学报，27(9)：

1 357－1 360.

王娟，慈林林，姚康泽. 2004. 基于尾迹特征的SAR图像舰船长度估计. 北京理工大学学报，24(10)：901－904.

王培. 2000. SAR图像中舰船目标的提取及分析方法在SAR图像分类中的应用. 北京：中国科学院电子学研究所.

王世庆，金亚秋. 2001. SAR图像船行尾迹检测的Randon变换和形态学图像处理技术. 遥感学报，5：43－49.

王小谟，张光义. 2000. 雷达与探测——现代战争的火眼金睛. 北京：国防工业出版社.

闫敬文，王超，卢刚，等. 2001. 一种基于小波变换的SAR海洋图像数据增强系统. 海洋学报，23：130－135.

张晰. 2008. 星载SAR舰船目标探测实验研究. 青岛：中国海洋大学.

张宇，张永刚，黄韦艮，等. 2003. 一种利用SAR图像检测船舶尾迹的方法. 国土资源遥感，(1)：56－58.

郑键，邹焕新. 2006. SAR海洋图像舰船尾迹检测和定位方法. 系统工程与电子技术，28(4)：533－537.

周红建，李相迎，彭雄宏，等. 1999. 从卫星SAR海洋图像中检测船目标. 国防科技大学学报，21(1)：67－70.

周红建，周宗潭，周蓉蓉，等. 1999. 利用卫星SAR检测海上航行船舶. 遥感技术与应用，14(4)：10－16.

周红建，陈越，王正志，等. 2000. 应用Randon变换方法检测窄V形船舶尾迹. 中国图象图形学报，5A(11)：23－28.

邹焕新，蒋咏梅，匡刚要，等. 2003. 一种基于半点抑制的SAR图像舰船航迹检测算法. 电子与信息报，25(8)：1 051－1 058.

邹焕新，匡纲要，郁文贤. 2004. 基于特征矢量匹配的SAR海洋凸显舰船目标检测. 现代雷达，26(8)：25－29.

邹焕新，郁文贤，匡纲要，等. 2005. 基于峰值点形态信息的SAR图像舰船尾迹检测算法. 国防科技大学学报，27(2)：87－97.

Brizi M, P Lonbardo, D Pastina. 1999. Exploiting the shadow information to increase the target detection performance in SAR images. Proceedings of the International Conference on Radar Systems.

Cameron W L, L K Leung. 1990. Feature motivated polarization scattering matrix decomposition. Proceedings of IEEE International Radar Conference.

Casaent D, W Su, D Turaga, et al. 1999. SAR ship detection using new conditional contrast box filter. Proceedings of the SPIE Conference on Algorithms for Synthetic Aperture Radar Imagery, 274 – 284.

Cloude S R, E Pottier. 1996. A review of target decomposition theorems in radar polarimetry. IEEE Transactions on Geoscience and Remote Sensing, 34(2): 498 – 518.

Copeland A C, G Ravichan, M M Trivedi. 1995. Localized radon transform – based detection of ship wakes in SAR images. IEEE Transactions on Geoscience and Remote Sensing, 33: 35 – 45.

Eldhuset K. 1989. Principles and performance of an automated ship detection system for SAR images. Proceedings of IGARSS'89.

Eldhuset K. 1996. An automatic ship and ship wake detection system for space – borne SAR images in coastal regions. IEEE Transactions on Geoscience and Remote Sensing, 34(4): 1 010 – 1 019.

Fan K G, H G Zhang, J J Liang, et al. 2019. Analysis of ship wake features and extraction of ship motion parameters from SAR images in the Yellow Sea. Frontiers of Earth – Science, https://doi. lorg/10. 1007/s11707 – 018 – 0743 – 7.

Fitch J P, S K Lehman, F U Dowla, et al. 1991. Ship wake – detection procedure using conjugate gradient trained artificial neural networks. IEEE Transactions on Geoscience and Remote Sensing, 29(5): 718 – 726.

Gao G, K Ji, C L Jia, et al. 2003. The statistical analysis of SAR target based on the correlation algorithm. Proceedings of IEEE International Conference on Robotics, Intelligent Systems and Signal Processing, 2: 847 – 851.

Henschel M D, P A Hoyt, J H Stockhausen, et al. 1998. Vessel detection with wide area remote sensing. Sea Technology, 39(9).

Hogan G G, J B Marsden, J C Henry. 1991. On the detection of internal waves in high resolution SAR imagery using the Hough transform. OCEANS'91 Proceedings, 1 363 – 1 369.

Hough P V C. 1962. A Method and means for Recognizing Complex Patterns. US Patent 3, 069, 654.

Jakeman E, P N Pusey. 1976. A model for non – Rayleigh sea echo. IEEE Transactions on Antennas and Propagation, AP – 24: 806 – 814.

Jiang Q, E Aitnouri, S Wang, et al. 2000. Automatic detection for ships target in SAR imagery using PNN model. Canadian Journal of Remote Sensing, 26(4): 297 – 305.

Kuo J M, K S Chen. 2003. The application of wavelets correlator for ship wake detection in SAR images. IEEE Transactions on Geoscience and Remote Sensing, 41(6): 1 506 – 1 511.

Lin I, L K Kwoth, Y C Lin, et al. 1997. Ship and ship wake detection in the ERS SAR imagery using computer – based algorithm. Proceedings of IGARSS'97.

Lombardo P, M Sciotti. 2001. Segmentation – based technique for ship detection in SAR images. IEEE Proceedings – Radar, Sonar and Navigation, 148(3): 147 – 159.

Lyden J D, D R Lyzenga, R A Shuchman. 1986. Analysis of synthetic aperture radar imagery of surface ship wakes. Proceedings of IGARSS'86, 801 – 805.

Lyden J D, R R Hammond, D R Lyzenga, et al. 1988. Synthetic aperture radar imaging of surface ship wakes. Journal of Geophysical Research, 93(C10).

Murphy L M. 1986. Linear feature detection and enhancement in noisy images via the radon transform. Pattern Recognition Letters, 4(4).

Novak L M, S D Halversen, G J Owirka, et al. 1997. Effects of polarization and resolution on SAR ATR. IEEE Transactions on Aerospace and Electronic Systems, 33(1): 102 – 115.

Ouchi K, N R Stapleton, B C Barer. 1997. Multi – frequency SAR images of ship – generated internal waves. International Journal of Remote Sensing, 18(18): 3 709 – 3 718.

Rey M T, J K E Tunaley, J T Folinsbee, et al. 1990. Application of Radon transform techniques to wake detection Seasat – A SAR images. IEEE Transactions on Geoscience and Remote Sensing, 28(4): 553 – 560.

Rey M T, J K E Tunaley, T Sibbald. 1993. Use of the Dempster – Shafer algorithm for the detection of SAR ship wakes. IEEE Transactions on Geoscience and Remote Sensing, 31(5): 1 114 – 1 118.

Richard B, P Olsen, W Vachon. 2001. Special Issue on Ship Detection in Coastal Waters. Canadian Journal of Remote Sensing, 27(4).

Ringrose R, N Harris. 1999. Ship detection using polarimetric SAR data. Proceedings of SAR Workshop: Committee on Earth Observation Satellites, 450: 687 – 691.

Schuramann S R. 1989. Radar characterization of ship wake signatures and ambient ocean clutter features. IEEE Transactions on Aerospace and Electronic Systems Magazine, 4(8): 3 – 8.

Sciotti M, D Pastina, P Lombardo. 2001. Polarimetric detectors of extended targets for ship detection in SAR images. Proceedings of IGARSS'01, 7: 3 132 – 3 134.

Skoelv A, T Wahl, S Eriksen. 1988. Simulation of SAR imaging of ship wakes. Proceedings of IGARSS'88, 13 – 16.

Skolnik M. 2007. An empirical formula for the radar cross section of ships at grazing incidence. IEEE Transactions on Aerospace and Electronic System, 10(2): 292.

Staples G C, W Stevens, B Jeffrves, et al. 1997. Ship detection using Radarsat SAR imagery. Proceedings of the International Symposium on Geomatics in the Era of Radarsat.

Stapleton N R. 1997. Ship wakes in radar imagery. International Journal of Remote Sensing, 18(6): 13 81 - 1 386.

Tello M, C Lopez - Martinez, J J Mallorqui. 2005. A novel algorithm for ship detection in SAR imagery based on the wavelet transform. IEEE Geoscience and Remote Sensing Letters, 2(2): 201 - 205.

Touzi R, F Charbonneau, R K Hawkins, et al. 2001. Ship - Sea contrast optimization when using polarimetric SARs. Proceedings of IGARSS'01.

Touzi R, F Charbonneau. 2004. On the use of permanent symmetric scatterers for ship characterization. IEEE Transactions on Geoscience and Remote Sensing, 40(10): 2 039 - 2 045.

Touzi R, F Charbonneau. 2002. Characterization of target symmetric scattering using polarimetric SARs. IEEE Transactions on Geoscience and Remote Sensing, 40(11): 2 507 - 2 516.

Tunaley J K, E H Buller, K H Wu, et al. 1991. The simulation of the SAR image of a ship wake. IEEE Transactions on Geoscience and Remote Sensing, 29(1): 149 - 156.

Ulaby F T, C Elachi. 1990. Radar Polarimetry for Geosciences Applications. Boston: Artech House Inc.

Vachon P W, H R Edel, M D Henschel, et al. 2000. Validation of ship detection by the Radarsat synthetic aperture radar and the ocean monitoring workstation. Canadian Journal of Remote Sensing, 26(3): 200 - 212.

Vachon P W, J Campbell, C Bjerklund, et al. 1997. Ship detection by the Radarsat SAR: Validation of detection model predictions. Canadian Journal of Remote Sensing, 23(1): 48 - 59.

Van Zyl J J. 1989. Unsupervised classification of scattering behavior using radarpolarimetry data. IEEE Transactions on Geoscience and Remote Sensing, 27(1): 36 - 45.

Wakerman C C, K S Friedman, W G Pichel. 2001. Automatic ship detection of ships in Radarsat SAR imagery. Canadian Journal of Remote Sensing, 27(5): 371 - 378.

William G P, C C Pablo, C C Wackerman, et al. 2004. Ship and wake detection. In: Synthetic Aperture Radar Marine User's Manual. Christopher R J and J R Apel, eds. Washington DC: U. S. Department of Commerce.

Yeremy M, J W M Campbell, K Mattar, et al. 2001. Ocean surveillance with polarimetric SAR. Canadian Journal of Remote Sensing, 27(4): 328 - 344.